U0350315

整秆式甘蔗收获机排杂及物流运动机理研究

解福祥 著

科学出版社

北京

内 容 简 介

甘蔗是我国主要的糖料作物，目前甘蔗生产机械化程度和普及率不高，生产机械化水平低成为制约和阻碍甘蔗生产进一步发展的主要因素。排杂装置无法在杂乱的甘蔗堆里把已剥离的蔗叶分离清理出来，是造成甘蔗收获后含杂率高的主要原因之一。蔗叶分离排杂机理与剥后蔗叶的物理力学特性、排杂元件的作用机理等密切相关，是甘蔗排杂技术研究中需要重点解决的关键技术。本书采用基础力学试验、虚拟样机试验、物理样机试验和理论建模分析等方法深入研究剥后蔗叶的力学性能与运动形式、排杂元件的作用机理和蔗叶分离关键技术，研制出性能更优良的整秆式甘蔗排杂装置，为高粗茎秆类作物排杂技术研究提供一种理论方法。

本书可作为农业工程专业研究生、农业科技人员的参考用书。

图书在版编目（CIP）数据

整秆式甘蔗收获机排杂及物流运动机理研究/解福祥著. —北京：科学出版社，2019.6
ISBN 978-7-03-061278-6

Ⅰ. ①整… Ⅱ. 解… Ⅲ. ①甘蔗收获机–研究 Ⅳ. ①S225.5

中国版本图书馆 CIP 数据核字(2019)第 098730 号

责任编辑：朱　瑾　闫小敏 / 责任校对：郑金红
责任印制：吴兆东 / 封面设计：无极书装

科 学 出 版 社 出版
北京东黄城根北街 16 号
邮政编码：100717
http://www.sciencep.com

北京虎彩文化传播有限公司 印刷
科学出版社发行　各地新华书店经销
*
2019 年 6 月第 一 版　开本：B5（720×1000）
2019 年 6 月第一次印刷　印张：11 3/4
字数：237 000
定价：118.00 元
(如有印装质量问题，我社负责调换)

前　　言

　　甘蔗是我国主要的糖料作物，在农业经济中占有重要地位。目前甘蔗生产机械化程度和普及率不高，生产机械化水平低成为制约和阻碍甘蔗生产进一步发展的主要因素，而甘蔗收获机械化技术是制约甘蔗生产全程机械化的"瓶颈"。由于甘蔗喂入量不均匀，甘蔗以交叉或重叠状态进入后续工序，清选机构无法在杂乱的甘蔗堆里把已剥离的蔗叶分离（以下简称"蔗叶"）清理出来。因此，研究甘蔗收获机物流排杂运动机理对于甘蔗联合收获机的研制具有重要的理论意义与实用价值。

　　国内外对甘蔗收获机物流过程中关键技术的研究主要包括扶起机构、切割装置、输送装置、剥叶装置等方面，通过文献分析发现，有关甘蔗收获机排杂装置的研究未见报道，并且未见将排杂装置加入到整机物流中进行分析的研究出现。因此，针对甘蔗收获机收获的甘蔗夹杂物多、洁净度差等问题设计了一种甘蔗收获机排杂风机，并在研究排杂风机的基础上，将排杂装置加入整机物流中，设计了一种甘蔗收获机物流排杂装置。本书研究的甘蔗收获机物流主要分为甘蔗流与杂质流（蔗叶、泥土等）两个方面，物流运动是指甘蔗与杂质在扶起机构、推倒装置、切割装置、喂入装置、输送装置、剥叶装置、排杂装置及集堆装置中的运动情况，即甘蔗联合收获机收获工作时的整个过程。本书主要在利用 ADAMS 软件进行虚拟样机试验、对物流排杂过程进行高速摄影分析、对物流排杂过程进行理论分析、运用 ANSYS 软件对排杂风机进行排杂气流场特性分析、对排杂风机和物流排杂装置进行试验分析和对物流排杂装置进行功耗试验分析等方面进行了研究。

　　1）对扶起式和推倒式两种收获方式进行了整机物流过程的虚拟试验研究，两种方式能够顺利实现扶蔗、分蔗、切割、输送、剥叶和集堆等工序，并通过田间试验进行了验证，为物流排杂装置理论研究提供依据。

　　2）利用高速摄影对物流排杂过程进行了观察，在物流通道内，甘蔗根部向上翘起，随着前部输送滚筒的转动甘蔗穿入上下剥叶橡胶块之间，剥叶橡胶块开始撕扯、梳刷蔗叶；同时依靠输送滚筒和剥叶滚筒的旋转，蔗叶被上部剥叶橡胶块撕扯掉，并且沿着剥叶滚筒的轴向偏移旋转；前面剥掉的蔗叶与甘蔗茎秆一起向后输送，到达上下杂质分离滚筒的分离刷，分离刷将蔗叶与甘蔗杂质分离，风机将蔗叶吹落在物流通道的下方，最后输送到集堆装置。甘蔗在运动过程中自身发生扭转和弯曲变形。

　　3）通过高速摄影，对物流排杂过程进行了理论研究，建立了物流排杂装置的物流运动模型，对物流排杂装置的运动参数和几何参数进行了理论分析，阐明了物流排杂装置各部件的动力学模型，并得出甘蔗在物流排杂装置中所受作用力的基本方程和甘蔗运动速度；杂质的悬浮速度与杂质的密度和体积有关；蔗叶的物流速度与风机风速、杂质分离滚筒转速有关。对物流排杂试验得出的甘蔗甩出现象进行了动力学分析，提出了甘蔗在物流排杂装置中的物流速度计算公式。

4）在本研究试验条件下，利用 ANSYS 软件对排杂风机进行了气流场特性分析和性能试验研究，在风机转速为 1800r/min，进风方式为轴向进风，进风面积分别为 16 475mm²、19 119mm²，风机出风口距离为 50mm 时，物流排杂装置排杂效果最佳。

5）对物流排杂装置各部件进行了刚性体、柔性体和整机物流的虚拟样机研究，根据预试验和相关文献，设置了虚拟试验的模型参数和试验条件。通过刚性体和柔性体分析，得出甘蔗运动速度和物流排杂装置各部件对甘蔗的作用力，并得出甘蔗在物流排杂中的运动规律。物流排杂装置整机虚拟试验结果与功耗测定试验结果一致。

6）进行了物流排杂装置台架试验，正交试验与单因素试验优化的参数组合：出风口角度为 105°、排杂装置转速为 100r/min、剥叶滚筒转速为 1300r/min、剥叶滚筒间距为 280mm、杂质分离滚筒间距为 270mm、风机滚筒间距为 300mm、喂入输送滚筒间距为 340mm 与 310mm，此时排杂效果达到最佳，排杂率为 98.27%以上，含杂率为 1.6%以下，整秆率为 86.67%以上，甩出率为 0，断尾率为 86.67%以上。

未切梢与切梢喂入的单根和多根对比试验表明，切梢后喂入的甘蔗排杂率比未切梢喂入的高，含杂率比未切梢喂入的低，切梢后的甘蔗排杂效果比未切梢的甘蔗排杂效果好。交互作用试验和速比试验表明，交互作用不显著。喂入输送滚筒转速与剥叶滚筒转速为 100r/min 与 1300r/min 时，排杂效果达到最佳。与轴流式风机排杂装置进行对比试验得出，本书中排杂风机排杂效果比轴流式风机排杂效果好。

7）进行了功耗试验，根据物流排杂装置虚拟试验和台架试验得出了最佳参数，在喂入滚筒、输送滚筒、风机外圈输送滚筒、分离滚筒的转速为 100r/min，剥叶滚筒的转速为 1300r/min，风机滚筒的转速为 1800r/min 时，空载消耗的总功率为 4.13kW，负载 1 根甘蔗消耗的总功率为 4.66 kW，负载 3 根甘蔗消耗的总功率为 5.14kW。功耗测定试验结果与虚拟试验结果趋势一致，验证了虚拟试验结果，为整机设计提供依据。

2019 年 2 月

目　　录

第1章 绪 论

1.1 研究背景

甘蔗是我国主要的糖料作物，在农业经济中占有重要的地位。我国是糖料蔗生产大国，全国糖料蔗种植面积约 150 万 hm^2，居世界第三位。主要分布在广西、云南、广东、海南等省（自治区），其中桂中南、滇西南和粤西 3 个优势甘蔗产区占全国甘蔗种植面积的 96%（区颖刚和杨丹彤，2010；农业部发展计划司，2009）。2010/2011 年榨季全国蔗糖总产量为 1207.9 万 t（李莉萍，2011）。

目前甘蔗生产机械化程度和普及率不高，特别是甘蔗收获还是采用传统的人工砍收，导致生产成本高、工效低、效益下降，生产机械化水平低成为制约和阻碍甘蔗生产进一步发展的主要因素，而甘蔗收获机械化技术是制约甘蔗生产全程机械化的"瓶颈"（肖广江等，2010）。

甘蔗收获机械化按收获方式分为分段收获和联合收获两种，其中分段收获机械包括甘蔗割铺机、甘蔗剥叶机、甘蔗装载机等，而甘蔗联合收获机包括切段式联合收获机和整秆式联合收获机两大类型。

目前，切段式甘蔗联合收获机在巴西、澳大利亚、美国等世界产糖大国广泛使用。切段式收获是在收获过程中一次性完成分蔗、切梢、推倒、砍蔗、喂入、输送、切段、蔗叶分离、收集等工序。此类机型结构庞大，需要宽大的种植行距，总损失率较高，机具价格昂贵。

国内切段式甘蔗联合收获机主要是仿照国外大型甘蔗联合收获机改进而成，在广东、广西等地已经投入使用，但此类机型结构与机器性能尚待完善，需进一步研究。整秆式甘蔗收获机有两种主要形式：一种为收割与剥叶联合式，即在收获过程中一次性完成分蔗、切梢、砍蔗、推倒、喂入、剥叶、输送、收集等工序。此类机型在广东、广西、浙江、河南等地已经上市，对于倒伏甘蔗适应性较好。另一种为收割与剥叶分段式，即在收获过程中一次性完成扶蔗、砍蔗、输送、收集等工序，然后配套剥叶机完成剥叶工序。此类机型在广东、广西等地使用较多，对于倒伏甘蔗适应性较差。

由于割台结构缺陷，因此喂入量不均匀，甘蔗以交叉或重叠状态进入后续工序，剥叶机构很难把剥叶胶指深入到堆集的甘蔗内部剥叶，剥净率下降，清选机构也无法在杂乱的甘蔗堆里把已剥离的蔗叶子分离清理出来（韦政康，2010）。

国内外甘蔗收获机排杂装置主要是排杂风机,采用的排杂风机主要是轴流式风机(图 1.1)。气体沿轴向进入旋转叶片,然后被叶片压缩并被轴向排出,蔗叶等杂质被气流吸进排杂通道排出。这种方式收获的甘蔗夹杂物较多,主要原因是轴流式风机排杂是甘蔗收集之前的最后一个工序,由于切段以后的甘蔗和蔗叶相互牵连,依靠轴流风机的吸力很难将杂质清除干净,并且动力消耗较大。

图 1.1 国内外甘蔗收获机排杂装置

为了进一步提高甘蔗收获机性能,有必要将甘蔗收获过程作为一个物流过程进行系统研究。本书中物流运动是指甘蔗与杂质在扶起机构、推倒装置、切割装置、喂入装置、输送装置、剥叶装置、排杂装置及集堆装置中的运动流程情况,包括甘蔗联合收获机收获工作时的整个过程,主要包括甘蔗流与杂质流(蔗叶、泥土等)两个方面。

1.2 国内外对甘蔗收获机物流过程中关键技术的研究进展

目前,国内外对甘蔗收获机物流过程中关键技术的研究主要集中在对扶起机构、切割装置、输送装置、剥叶装置各部件的独立研究及对虚拟样机技术的研究等方面。

1.2.1 扶起机构的研究

彭伟才(1979)在确定甘蔗收获机螺旋扶蔗器运动参数的研究中,推导出螺旋扶蔗器的转速与机车前进速度、甘蔗倒伏状态有着密切关系。王辉若（1981）通过对扶蔗器的运动分析，确定了螺旋扶蔗器的设计原理。叶能中（1982）对扶蔗器的工作原理、设计参数的确定做了探讨。广西大学的邓劲莲等（2002）通过分析田间甘蔗倒伏的情况，建立了倒伏甘蔗的虚拟模型，运用集成工程软件 I-DEAS 对扶蔗机构模型进行了仿真分析，获得了甘蔗扶起运动的轨迹、速度、加速度等重要参数，为设计合理高效的扶蔗机构提供了有效的数据。

宋春华（2003）进行了螺旋式甘蔗扶起机构的室内模拟试验，研究了甘蔗的扶起运动过程，分析了螺旋式扶起机构的结构参数、运动参数及甘蔗生长状态对扶蔗过程的影响。高建民和区颖刚（2004）根据甘蔗在田间的生长状况及固有的力学性能，建立了田间生长甘蔗的力学模型，探讨了螺旋式扶起机构与甘蔗的作用过程及其对收获过程的影响，并进行了螺旋式扶起机构工作过程的虚拟样机仿真。张杨（2008）对拨指链式扶蔗器进行了虚拟研究。牟向伟（2011）对拨指链式扶蔗器进行了室内试验。解福祥（2009）在组合式扶起装置试验台上进行了扶蔗效果影响因素试验，包括正交试验、验证试验、单因素试验、高速摄影试验、多根甘蔗试验等，并进行了整机的田间试验，优化了扶蔗装置的机构参数。

1.2.2　切割装置的研究

Ojha 和 Mandikar（1989）介绍了改进的锯齿刃镰刀，材料是中碳高锰合金钢，具有自磨性。Rao 和 Thirupal（1990）介绍了一种小型的甘蔗切割机械，该机械采用圆盘锯片，锯片直径 30cm。泰国 Gupta 等（1992）进行了单圆盘根切器试验研究，试验因素为刀片倾角、刀盘倾角和刀盘转速。Reid（1994）讨论了南非糖厂使用的一系列切蔗刀具，认为切蔗效率主要取决于刀尖的速度，从 22m/s 到 80m/s 不同速度的刀具都有使用。Kroes 等（1994）进行了单圆盘切割器对切割质量影响的试验研究，按根茬破损程度进行了分类，建立了失效模型，分析了单圆盘切割器参数对根茬破损的影响。Kroes 和 Harris（1995）研究了双圆盘根切器的运动学问题，建立了描述双根切器刀片运动学的模型，给出了不漏割及避免蔗秆在未切割前接触刀盘的条件。Kroes 和 Harris（1996）在另一项研究中研究了刀片冲击切割甘蔗茎秆的切割力与能量。澳大利亚 Mello 和 Harris（2000）研究了传统刀片和锯齿刀片在甘蔗切割过程中造成的甘蔗损坏、质量损失问题。杨家军等（2000，2003）建立了小型甘蔗收获机主子结构的模态模型及刀盘的有限元模型，运用混合模态综合法，综合主子结构与刀盘结构，建立了广义坐标下的整体系统动力学模型。王汝贵等（2003）以 4GZ-9 型甘蔗割铺机为试验样机进行了田间试验，探讨了切割速度、刀盘倾角、刀盘数量、切割角、刀片刃角及机车前进速度对甘蔗宿根破头率的影响，建立了相应数学模型，并对切割器参数进行了优化。

刘庆庭等（2004）、卿上乐（2005）分别对单圆盘切割器不入土切割和入土切割的切割机理进行了研究，分析了砍切甘蔗时根茬破损的影响因素及影响规律，并对切割器进行了运动学和力学分析。周勇等（2010）开展了分段收获的甘蔗收获机推倒式割台的创建及其工作机理研究与试验，以提高其对甘蔗收获的适应性和可靠性，保证收割质量。

1.2.3 输送装置的研究

Bob 和 Walter Truscott 在 1959 年发明了一种夹持输送甘蔗的专利，该夹持输送装置由夹持输送链和压紧弹簧及压板组成，两弹簧连接压板，与夹持输送链平行且弹簧间隔均匀排列，可直线或圆弧方向夹持输送甘蔗（Bill and Ken，1993）。

华南农业大学研制的侧挂式整秆甘蔗收获机，其夹持输送装置为无轨道柔性夹持输送装置，采用在张紧的链条上安装柔性夹持块对甘蔗进行柔性夹持输送，并成功地实现了将甘蔗 90°变向输送。李志红（2006）对圆弧轨道式柔性夹持输送装置的夹持输送性能进行了研究。陈连飞（2006）对华南农业大学工程学院设计的 4ZZX-48 型甘蔗收获机夹持输送装置进行了改进研究。王春政（2011）对侧悬挂整秆式收获机滚筒输送装置的工作机理进行了分析，并对其输送效果的影响因素进行了试验，包括正交试验、单因素试验和多根甘蔗输送试验，优化了装置的运动参数和结构参数。

1.2.4 剥叶装置的研究

Sharma 和 Singh（1985）利用旧收获机的抽风叶轮和液压马达制成了一种甘蔗田间剥叶机。该机械工作时必须使甘蔗梢部先喂入，圆筒面上带胶块的抛送轮以高速将甘蔗向后抛送，风扇的高压气流使蔗叶张开并阻止其向后输送，这时蔗叶紧贴在抛送轮面上，由轮上的橡胶块将其从蔗秆上扯下。Shukla（1991）利用不成熟的梢部和成熟蔗秆连接处的天然脆弱点来去除梢部。宫部芳照等（1993）做实验比较了三个剥叶系统的剥叶效果，分别是砍切摩擦剥叶系统（圆柱刀口型）、加强摩擦剥叶系统（钢丝型、钢琴丝型、"V"带型）和碰撞摩擦剥叶系统（链式）。蒙艳玫等（2003）采用数值模拟正交试验方法，对影响整秆式甘蔗联合收获机剥叶元件寿命的结构参数及装夹方式进行了分析研究。利用 ANSYS 软件对几个主要因素进行虚拟正交试验分析，寻找在保证足够大打击力的前提下剥叶元件所受应力最小时影响因素的最佳组合，为剥叶机构的设计提供可靠依据。

张增学（2002）对梳刷式甘蔗剥叶机的机理问题进行了研究，提出了影响甘蔗剥叶效果的主要因素及其参数。详细分析了甘蔗品种、剥叶元件材料、剥叶滚筒转速、剥叶元件排列形式、甘蔗喂入方式、剥叶元件线径、剥叶元件间距、剥叶刷有效长度、甘蔗喂入密度等主要参数对甘蔗剥叶质量的影响规律。牟向伟（2011）对蔗叶鞘剥离机理进行了研究。

通过以上文献分析可知，目前对甘蔗收获机的研究主要集中在对关键技术的研究，针对甘蔗收获机的一个部件或者一个装置进行建模、仿真、试验及分析等研究。

1.2.5　虚拟样机技术研究

目前，国内外利用虚拟样机技术对甘蔗收获机进行研究主要是在扶起装置、切割装置、输送剥叶装置等方面，另外利用虚拟样机技术建立了甘蔗模型。

1）通过分析田间甘蔗倒伏的情况，建立了倒伏甘蔗的虚拟模型，运用集成工程软件 I-DEAS 对倒伏甘蔗的扶起运动进行动态模拟，建立了倒伏甘蔗扶起过程运动模型，获得了倒伏甘蔗扶起运动的轨迹、速度、加速度等重要参数，为设计合理高效的扶蔗机构提供了有效合理的数据（邓劲莲等，2003）。根据田间生长甘蔗的实际状况和固有的力学性能，运用系统动力学的观点，建立了田间生长甘蔗的力学模型。基于该模型，探讨了扶起搅龙与甘蔗的作用过程及其对收获过程的影响。对扶起搅龙的工作过程进行了虚拟仿真研究及高速摄影试验，从理论上解释了仿真和试验结果。该研究为扶起搅龙的改进设计提供了理论依据（高建民和区颖刚，2004）。结合有限元技术，建立了甘蔗生长的物理模型。开发了基于甘蔗收获机物理模型的甘蔗收获的虚拟作用系统；探讨了扶起机构与甘蔗的作用过程及其对收获过程的影响，为扶起机构的改进设计提供了虚拟试验依据（高建民等，2005）。通过对扶蔗器拨指运动轨迹进行理论研究，得到扶蔗器扶蔗的临界条件，建立了拨指链式扶蔗装置不漏扶的数学模型。在此基础上，运用 ADAMS 软件对拨指尖离地高度对扶蔗的影响进行了虚拟单因素试验（张杨等，2008）。

2）对单圆盘甘蔗切割器进行切割试验研究时，利用 Object ARX MFC 技术在 Auto CAD 2000 平台上进行了不考虑地面凹凸不平（随机振动）情况的刀片空间运动轨迹三维仿真，探讨了刀片空间运动轨迹与多刀切割的机理（刘庆庭，2004）。利用 ANSYS/LS-DYNA 软件技术对甘蔗切割过程进行有限元仿真。在仿真中建立了不同刀具倾角及切割速度组成的有限元模型，并使用 LS-DYNA 程序提供的 MAT_WOOD 材料模型及接触侵蚀算法进行数值计算（黄汉东等，2011）。

3）对整秆式甘蔗收获机排刷式剥叶元件不同装夹方式的工作机理进行了研究，认为剥叶元件不同的装夹方式将显著影响剥叶效果和剥叶元件的使用寿命。

从理论上对不同装夹方式的剥叶元件进行受力分析，同时用 ANSYS 软件分别分析了螺旋式、层叠式装夹剥叶元件的受力及变形情况（蒙艳玫等，2003）。蒲明辉等（2005）对小型甘蔗收获机输送模块进行了设计和仿真，重点考察辊轮转速及拨片与甘蔗的摩擦系数对物料速度的影响。

4）甘蔗是各向异性、非匀质的弹塑性材料，由蔗皮和蔗芯复合而成，需要进行适当假设和简化建成柔性体模型。甘蔗截面有两种处理方法：①假设为直径不等的变截面线弹性体；②假设为等直径长圆柱形结构。模型中的材料属性（密度、弹性模量、泊松比）和结构尺寸由试验测得。甘蔗柔性化处理方法有：①有限元分析软件建模后转存为模态中性文件，用 ADAMS/Flex 加载；②ADAMS/AutoFlex法（庞昌乐和区颖刚，2011）。基于 ADAMS 软件的多体动力学理论以离散梁法、Flex 法和 AutoFlex 法 3 种方式建立了甘蔗的柔性体模型对静载变形、甘蔗与扶蔗机构的动态作用过程进行了仿真分析（蒲明辉等，2005）。

通过以上文献得出，物流排杂装置虚拟样机技术还未见应用。为了更好地研究物流排杂装置，本书对物流排杂装置进行了虚拟试验研究。

1.3　物流排杂装置的研究进展

1.3.1　物流研究进展

周敬辉（2004）通过虚拟样机技术对甘蔗联合收获机扶起、砍切、喂入、输送流程进行了仿真，验证了小型甘蔗收获机整机模型在甘蔗物流方面的合理性，即甘蔗可以在割倒之后被提升到足够的高度并顺利进入下一道工序。刘先杰（2006）通过对甘蔗收获机喂入部件、断尾部件、剥叶部件的仿真研究，确定了流程整体结构布局，根据甘蔗在仿真中的流程情况，结合不同结构参数下仿真参数的不同，获得了初步优化了的流程模型。曾志强（2007）对小型轮式甘蔗收获机在断尾机构前置的形式下进行了物流仿真和布局分析，通过物流仿真确定了耙轮、输送辊、喂入辊、剥叶装置、输出辊的相对合理位置。李立新（2008）利用柔性化的甘蔗模型，对喂入、输送、剥叶进行了一根甘蔗流程 35°物流倾角时的仿真分析。通过仿真，优化了甘蔗收获机各旋转功能部件的转速及功能部件的结构位置，以及甘蔗与流程部件的接触参数等数据。刘东美等（2009）基于全局协调理论，采用机械优化设计中迭代优化的方法对甘蔗收获机械物流系统模型，主要包括扶蔗、砍蔗、输送、剥叶等过程，以及各机构的运动参数和协调参数进行优化。傅隆正等（2012）利用软件 ADAMS 对整秆式联合收获机甘蔗输送过程进行仿真分析，并进行试验验证。

以上文献出现了对甘蔗收获机物流过程的分析，但是大多都集中在扶起装置、切割装置、输送装置和剥叶装置四个方面，仅仅通过 ADAMS 软件对甘蔗收获机扶蔗、砍切、喂入、输送和剥叶流程进行了仿真分析，缺少物理样机试验验证。尚未有将扶起机构、推倒装置、切割装置、喂入装置、输送装置、剥叶装置、排杂装置及集堆装置作为一个整体物流进行分析的研究出现。

1.3.2　排杂研究进展

甘蔗收获机械主要包括切梢、扶起、切割、喂入输送、剥叶、杂质排出、收集等装置。本书的主要内容为杂质分离排出及物流运动机理，是甘蔗收获中的关键技术。杂质是否顺利排出关系到收获机的整个收获流程，其中杂质主要为蔗叶、泥土等，如不及时分离排出会造成随甘蔗茎秆一起被收集，影响含杂率及收获效率。

McCarthy（2003）设计了一种甘蔗收获机操作控制系统，主要利用传感器对甘蔗分离系统及切梢机构进行控制，并用新型传感器对分离风扇的叶片进行了测试。

通过以上文献分析可知，将排杂装置加入到整机物流中进行分析的研究未见报道。

1.3.3　其他农作物排杂清选研究现状

目前在油菜、玉米、水稻等农作物中研究了排杂清选。排杂清选装置主要有分段收获脱粒清选、纵轴流脱粒分离清选、无导向片旋风分离清选、倾斜气流清选、风筛式清选装置等。

陈志等（2007）对玉米收获机排杂装置进行了优化设计与试验，得出排茎段是影响籽粒损失率、破碎率和含杂率的主要因素，排叶段是影响籽粒损失率和未剥净率的主要因素。徐立章等（2009）设计的纵轴流式脱粒分离-清选试验台以切流与纵轴流组合式脱粒分离装置、风筛式清选装置为核心，采用可组合的模块化结构，工作部件结构和运动参数的调整简单、方便，可获得多个工况下脱粒分离、清选性能指标及脱出物的分布规律。李耀明（2004）根据当前梳脱式水稻联合收获机上复脱分离、清选系统的设计现状及存在问题，考虑到梳脱式联合收获机收获工艺与传统全喂入、半喂入式联合收获机的明显不同，首次对梳脱式联合收获机上的复脱分离、清选系统进行了较系统的理论分析和试验研究。倪长安等（2008）运用正交试验，通用旋转组合试验和优化设计，找到了分离筒内无导向片的旋风分离清选系统各部分的结构参数和运动参数的最优组合。

1.3.4 农作物物料运动研究现状

目前已经有文献对水稻、饲料、小麦等物料的运动情况进行了研究。

隋美丽（2005）在秸秆压块饲料机匀料充型区物流分析研究中，对匀料充型区中秸秆流率和受力分析，主要是为了说明秸秆在充型区的运动情况及测定休止角。刘德军等（2011）对油菜脱粒、打包、田间运输堆存和装卸搬运等整秆物流系统的物流损失进行了分析。翟之平（2008）对物料运动速度和相应位置的气流速度进行比较，发现从离开叶片到进入出料直管阶段，物料向上运动速度大于相应气流速度，主要靠被叶片抛扔获得的能量来运动；进入出料直管后，物料向上运动速度小于相应气流速度，主要靠惯性和气流协助来输送物料。总之，物料主要靠叶片抛扔和气流辅助输送来抛送。高振江（2000）在对射流流场特征进行了全面分析的基础上，设计了一个可对颗粒物料进行连续与批式干燥作业的试验装置。试验装置可自由更换、调整和控制影响射流冲击对物料传热的主要结构与工艺因素。针对射流冲击的传热不均问题，提出了颗粒物料的流态化运动解决思路，并对射流冲击颗粒物料的流态化问题进行了较为系统的试验研究，得到了射流冲击颗粒物料产生流态化状态与结构（冲击室宽度、喷嘴间距、喷嘴直径、喷嘴高度）和工艺（喷嘴出口气流速度）因素之间的关系。

曹丽英（2010）对锤片式饲料粉碎机分离装置中的气-固两相流利用FLUENT6.3 中的 Mixture 多相流模型进行了数值模拟。同时对分离装置内的分布状况进行了试验研究，得到了不同参数条件下的物料分布规律。试验结果与两相流的模拟结果很吻合，验证了两相流模拟的可行性。孙进（2007）运用高速摄像系统对物料颗粒在振动筛分过程中的运动规律进行了试验研究，并测定了与清选性能相关的物料特性。马晓霞（2007）通过对物料颗粒在气流场中和筛面上的运动分析，并综合考虑了物料在清选装置中所受到的筛面作用和气流作用，推导出了物料在清选装置中的各种运动公式，并在此基础上分析了清选装置内物料的运动状态。庞奇（2009）利用三孔探针和毕托管研究了微型小麦联合收获机扬谷器物料管道与旋风分离筒内气流的运动状态，以及扬谷器进气口的大小对物料管道气流的影响；同时，利用高速摄像设备，拍摄了物料在扬谷器物料管道和旋风分离筒内运动的状态。王立军（2011）利用 Fluent 软件中修正的 k-ε 湍流方程及拉格朗日法的离散相模型对 4ZTL-1800 型割前摘脱稻麦联合收获机分离清选装置内物料运动规律进行了数值计算，得到了物料在分离清选装置内的运动轨迹，沉降、分离、清选等运动规律。盖玲和赵匀（1998）建立了具有初速度的质点在水平定向气流中的三维动力学微分方程，并采用数值解法求得质点的运动轨迹。同时应用所建立的模型分析了谷物扬场机在不同仰角和迎风角时的分离效果。张振伟等（2007）通过对立式多层水平圆振动干燥机机体的动力学分析和物料颗粒的运动学分析，推导出干燥机结构参数和物料运动之间的关系。翟之平等（2012）采用理论分析、虚拟样机技术与高速摄像技术相结合的方法对物料沿抛送叶片的运动进行研究，建立了适合前倾、后倾及径向叶片的物料沿抛送叶片运动的动力学模型及 ADAMS 模型。

通过以上文献可知，国内外关于甘蔗收获过程中物流排杂的研究还不多，研究排杂与甘蔗流、杂质流的文献未见报道。

1.4 研究目的、主要内容与研究方法

1.4.1 研究目的

针对甘蔗联合收获机上使用的排杂装置效果欠佳，收获的甘蔗夹杂物多、洁净度差等问题，通过对整个物流的运动分析，进一步探讨甘蔗联合收获机排杂问题。本书设计了一种物流排杂装置，主要研究甘蔗收获机物流运动情况及物流杂质排出，利用 ANSYS 软件分析排杂风机气流场特性、空气动力学性能等，总结流体力学规律；运用 ADAMS 软件分析物流排杂装置喂入、输送、剥叶、杂质分离等部件的运动规律，通过台架试验得出各因素的最优组合，总结物流杂质排出的规律，通过高速摄影进行分析。同时测试功耗参数，为甘蔗联合收获机的研发和制造提供有价值的依据。

1.4.2 研究内容

（1）甘蔗收获机整机物流虚拟试验研究

针对扶起式收获和推倒式收获两种收获方式，建立扶起式和推倒式虚拟样机模型进行甘蔗收获机整机物流虚拟试验研究，并进行田间试验，为甘蔗收获机物流排杂理论研究提供理论基础。

（2）甘蔗收获机物流排杂过程理论研究

针对排杂风机进行流体力学分析，分别研究排杂风机轴向、径向进风的流动规律。将喂入、输送、剥叶和排杂作为一个物流过程进行运动学分析，从理论上分析物流排杂的运动机理及其作用规律，为实现甘蔗收获机物流排杂装置的结构设计与试验提供理论依据。

（3）甘蔗收获机物流排杂装置结构设计

为进一步探讨甘蔗联合收获机排杂问题，设计了一种甘蔗收获机排杂风机。在研究排杂风机的基础上，设计了一种甘蔗收获机物流排杂装置，并阐述了物流

排杂装置的工作原理及主要零部件的设计和参数分析,并可根据试验需要调整各部件滚筒垂直中心距、排杂风机出风口角度等参数。

(4)甘蔗收获机排杂风机气流场特性分析

利用 ANSYS FLUENT 软件对排杂风机进行气流场特性分析,得出静压分布、总压分布、速度分布和速度矢量分布情况。

(5)排杂风机性能试验

通过风机性能试验得出最佳性能参数,并在最佳参数下得出排杂风机出风口的风速和风压,为排杂风机气流场特性分析提供试验依据。

(6)甘蔗收获机物流排杂过程虚拟样机研究

对甘蔗收获机物流排杂过程进行运动学及动力学分析。运用 ADAMS 软件对甘蔗喂入、输送、剥叶和排杂的物流过程进行运动学和动力学分析,优化排杂装置的结构参数,总结运动学和动力学规律。

(7)甘蔗收获机物流排杂装置试验研究

根据甘蔗收获要求,建立甘蔗收获机物流排杂装置性能评价指标。根据虚拟样机分析和预试验分析结果,进行影响物流排杂装置性能的主要因素的研究,如排杂风机出风口角度、喂入输送滚筒转速、剥叶滚筒转速、风机滚筒间距、剥叶滚筒间距、杂质分离滚筒间距、喂入输送滚筒间距、喂入输送滚筒速度与剥叶滚筒速度比值、进行未切梢与切梢甘蔗对比试验、多根甘蔗喂入试验,以及本装置与甘蔗收获机轴流式风机排杂效果进行对比的多因素正交试验、单因素试验和双因素试验。总结以上因素的影响规律,确定影响甘蔗收获机物流排杂装置的最佳参数的组合,为甘蔗收获机整机研究提供依据。

(8)甘蔗收获机物流排杂过程高速摄影试验

在甘蔗收获机物流排杂装置试验得出的最佳参数组合下,对喂入输送装置、剥叶装置、排杂装置、排杂装置后部进行高速摄影观察,明确甘蔗在物流排杂装置中的运动机理,为更好地分析物流排杂装置提供依据。

(9)甘蔗收获机物流排杂装置功耗试验

对喂入滚筒、上输送滚筒、下前输送滚筒、剥叶滚筒、后输送滚筒和风机滚筒进行了扭矩和功耗测定试验,并根据物流排杂装置试验得出的最佳参数组合进行功耗试验,得出物流排杂装置功耗,为整机设计提供理论基础。

(10)甘蔗收获机排杂过程优化分析

根据试验中出现的问题对影响排杂效果的主要结构参数进行优化分析。

1.4.3 技术路线

采用基础理论研究与应用技术研究相结合、虚拟样机技术与物理样机试验技术相结合的研究方法对甘蔗收获机物流排杂装置进行研究。研究的技术路线如图 1.2 所示。

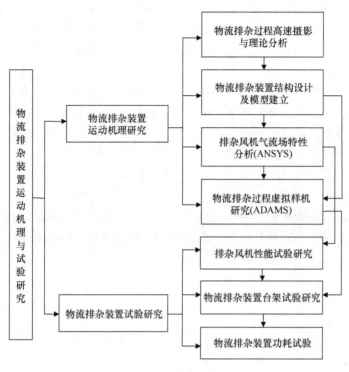

图 1.2　技术路线

1.4.4　重点解决的问题

由于在收割甘蔗时，大量的蔗叶及泥土随着甘蔗茎秆一起排出，增加了甘蔗茎秆收集的难度。因此，本书需要重点解决的问题是通过对杂质分离排出及各部件物流之间的衔接进行分析，优化性能和结构参数，提高杂质分离排出和收集后续工作部件的可靠性。

1.4.5　创新点

1）本书首次将甘蔗收获机各个主要部分如割台喂入装置、输送通道、剥叶装置、排杂装置一起作为一个物流系统进行研究，甘蔗收获机物流分为甘蔗流和杂质流（蔗叶、泥土等），研究了杂质流的运动机理及甘蔗流对杂质流的影响。同时针对甘蔗收获机收获的甘蔗夹杂物多、洁净度差等问题设计了一种甘蔗收获机排杂风机，并在研究排杂风机的基础上，将排杂装置加入整机物流中，设计了一种甘蔗收获机物流排杂装置，该装置中喂入、输送滚筒的材料为橡胶，避免甘蔗表皮损伤。

2）根据物流排杂装置理论分析结果，运用 ANSYS 软件对排杂风机进行了排杂气流场特性分析，并进行了风机性能试验。利用 ADAMS 软件对物流排杂装置中的喂入、输送、剥叶、风机外圈输送、杂质分离等过程进行了刚性体和柔性体虚拟样机研究。

3）针对甘蔗收获机物流排杂装置进行了预试验、正交试验、单因素试验、多因素试验等，并进行了高速摄影试验和功耗测定试验，主要研究喂入、输送、剥叶和排杂，分析甘蔗流、杂质流的运动情况，并分析各部分之间的衔接规律。

1.5 本章小结

本章分析了课题的研究背景，总结了甘蔗收获机及其关键技术已有的研究成果，并确定了本课题的研究目的、主要研究内容和相应的技术路线。

第 2 章 甘蔗收获机整机物流虚拟试验研究

2.1 引 言

目前，甘蔗收获机主要有扶起式收获和推倒式收获两种收获方式。扶起式收获是将甘蔗扶起到一定高度，然后通过夹持输送装置向后输送。推倒式收获是将甘蔗推倒成一定的角度，然后通过双刀盘割台喂入和输送滚筒装置向后输送。利用虚拟样机技术对甘蔗收获机物流进行虚拟试验研究，能够更好地分析研究其关键技术，并且节约物理样机的研发成本，为物流排杂装置理论研究提供依据。

2.2 扶起式收获机物流虚拟试验

本课题组与中国农业机械化科学研究院合作研究悬挂式整秆甘蔗收获机，建立了整机及关键技术部件的虚拟样机模型。通过对甘蔗联合收获机关键技术进行虚拟仿真，得出了各部件在工作时的物流过程。

2.2.1 扶起式收获机整机设计

为将倒伏的甘蔗扶起后收获，设计了一种悬挂式整秆甘蔗收获机。主要由扶起切割装置、夹持输送装置、铺放输送装置、剥叶装置及传动机构等组成，如图 2.1 所示。

扶起装置主要由拨指链、环形导轨、主动轮和从动轮等组成，其作用是将倒伏的甘蔗扶起。切割装置主要由单刀盘、刀片、传动齿轮箱等组成，其作用是在甘蔗被扶起的同时将其切割。夹持输送装置主要由三层拨指链、主动轮、从动轮和挡板等组成，其作用是能够将甘蔗以较好的姿态输送，此时甘蔗三点受力。铺放输送装置主要由三个拨蔗滚筒和皮带轮等组成，其作用是将夹持输送来的甘蔗向剥叶装置输送。剥叶装置主要由两对输送橡胶滚筒和一对剥叶刷滚筒等组成，其作用是将前方输送来的甘蔗进行剥叶。

2.2.2 虚拟样机建模

建立的整机虚拟样机模型如图 2.2 所示，整秆甘蔗收获机悬挂在功率为 48kW

的拖拉机上，收获机上每个执行元件皆通过机械传动方式传递动力，其生产率效率约为 $0.2hm^2/h$，机车行走时的前进速度约为 $0.5m/s$。

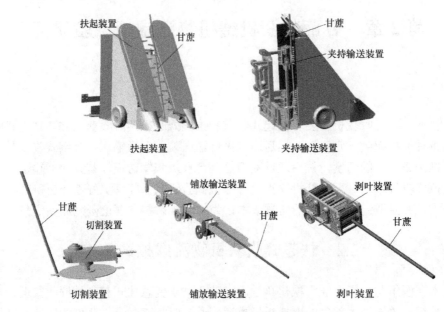

图 2.1　关键技术虚拟样机模型

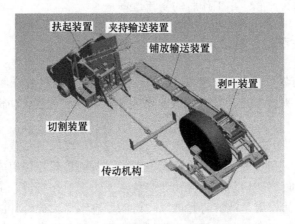

图 2.2　甘蔗收获机虚拟样机

2.2.3　扶起式收获机物流虚拟试验

2.2.3.1　试验材料

在 ADAMS/VIEW 软件中建立甘蔗模型，按照在湛江广丰农场进行田间测量得到的甘蔗生长数据建立的甘蔗模型为：直径 30mm，长度 2000mm，密度 $4.38 \times 10^{-7} kg/mm^3$。

2.2.3.2　试验方法

1）为了能够很好地研究甘蔗收获时的物流过程，做以下假设：①甘蔗为刚性直秆，在物流过程中，不考虑甘蔗弯曲变形带来的影响。②甘蔗与地面之间为轴套约束。③在仿真中，简化关键技术部件的虚拟样机模型。

2）在 ADAMS 软件中通过虚拟试验，研究整秆式甘蔗收获机的物流过程，按照从前到后的顺序分别分析扶起装置、切割装置、夹持输送装置、铺放输送装置、剥叶装置的物流过程。然后通过高速摄影试验分析扶起装置与夹持输送装置的衔接过程。

2.2.3.3　虚拟试验设计

建立包括扶起装置、切割装置、夹持输送装置、铺放输送装置、剥叶装置的虚拟样机模型，研究其收获甘蔗时的物流过程。虚拟试验参数选取如表 2.1 所示。

表 2.1　虚拟试验参数表

关键技术	各部件转速/(r/min)	甘蔗倒伏角度/(°)	与甘蔗接触材料
扶起装置	300	45	尼龙拨指
切割装置	430	90	Mn 钢
夹持输送装置	330	90	尼龙拨指
铺放输送装置	900	0	A3 钢
剥叶装置	900	0	橡胶

注：收获机前进速度为 0.2m/s

2.2.3.4　试验结果与分析

（1）扶起装置

图 2.3 为甘蔗倒伏角为 45°、侧偏角为 0°时甘蔗被扶起过程的虚拟试验结果。图 2.3（a~d）分别为甘蔗被扶起时的状态变化情况和扶起角度的变化曲线。在试验中，甘蔗在与拨指接触（图 2.3a）时产生力瞬间被弹起（图 2.3b），随后在地面的约束下，甘蔗回落到拨指上（图 2.3c）被扶起（图 2.3d）。试验表明，甘蔗在被扶起的过程中，被拨指拨动，发生弹跳，并回弹到拨指上继续被扶起。

（2）切割装置

图 2.4 为直立甘蔗被切割过程的虚拟试验结果，左侧为甘蔗切割时的状态变

化情况，右侧为切割时切割器与甘蔗接触时甘蔗受力曲线图。试验表明，在刀片开始与甘蔗接触时甘蔗受力较大（图 2.4a），刀片完全将甘蔗切断时（图 2.4b），甘蔗受力小于刚开始接触时（图 2.4c）。

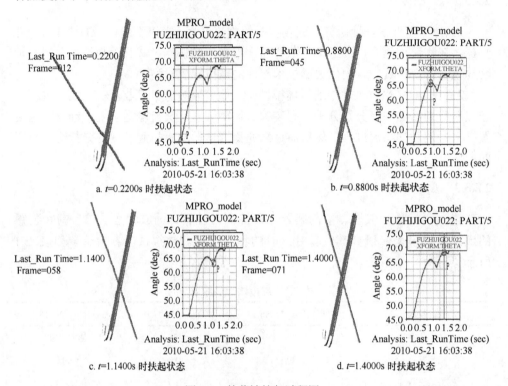

图 2.3　甘蔗被扶起过程图

（3）夹持输送装置

图 2.5 为甘蔗被夹持输送过程的虚拟试验结果，左侧为甘蔗被夹持输送时的状态变化情况，右侧为甘蔗被夹持输送位移的变化曲线。试验表明，夹持输送装置拨指与甘蔗接触（图 2.5a）后随着受力变化甘蔗开始向外侧移动（图 2.5b），直到甘蔗与三层拨指分离（图 2.5c）。因此在设计时另一侧放置挡板是必要的。

（4）铺放输送装置

图 2.6 为铺放输送过程的虚拟试验结果，左侧为甘蔗铺放输送时的状态变化情况，右侧为铺放输送时甘蔗受力的变化曲线。试验表明，第 1 个滚筒刚开始与甘蔗接触时甘蔗受力产生突变（图 2.6a），第 2 个滚筒与甘蔗接触时甘蔗受力较小（图 2.6b），第 3 个滚筒与甘蔗接触时甘蔗已完全铺放在 3 个滚筒上（图 2.6c）。

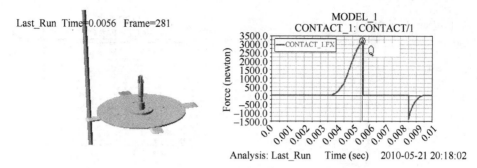

a. *t*=0.0056s 时切割状态

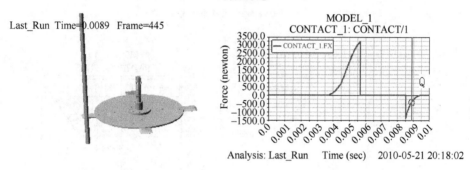

b. *t*=0.0089s 时切割状态

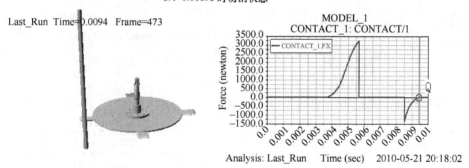

c. *t*=0.0094s 时切割状态

图 2.4　甘蔗被切割过程图

（5）剥叶装置

图 2.7 为剥叶过程的虚拟试验结果，左侧为剥叶时甘蔗的状态变化情况，右侧为剥叶时甘蔗受力的变化曲线。试验表明，第 1 对滚筒与甘蔗接触时，由于滚筒外缘均匀分布了 6 个沟槽，能够提高输送时摩擦力（图 2.7a），当离开第 1 对滚筒时，完全依靠第 2 对滚筒和剥叶刷进行输送，此时甘蔗受力产生突变（图 2.7b）。

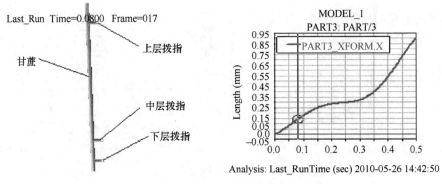

a. *t*=0.0800s 时夹持输送状态

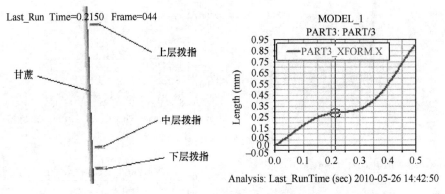

b. *t*=0.2150s 时夹持输送状态

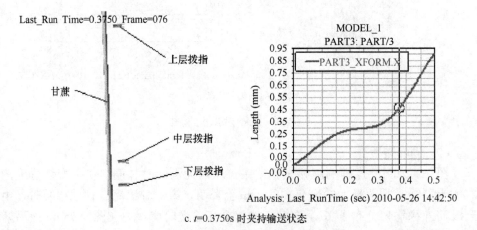

c. *t*=0.3750s 时夹持输送状态

图 2.5　甘蔗被夹持输送过程图

2.2.4　田间试验

在华南农业大学宁西基地试验田里进行田间试验，通过观察得到：该机可连续完成扶起、夹持输送、切割、铺放输送、剥叶、集堆铺放等工序，配套 48kW 拖拉机，采用前悬挂与侧悬挂方式，基本达到整秆甘蔗的收获要求（图 2.8）。

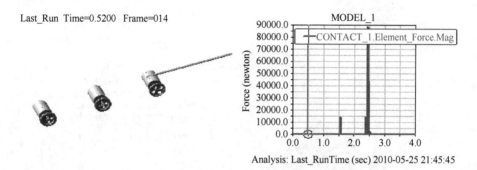

a. *t*=0.5200s 时铺放输送状态

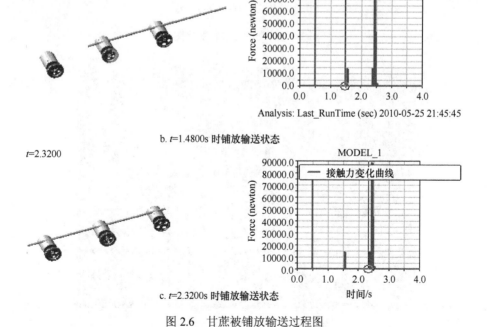

b. *t*=1.4800s 时铺放输送状态

c. *t*=2.3200s 时铺放输送状态

图 2.6　甘蔗被铺放输送过程图

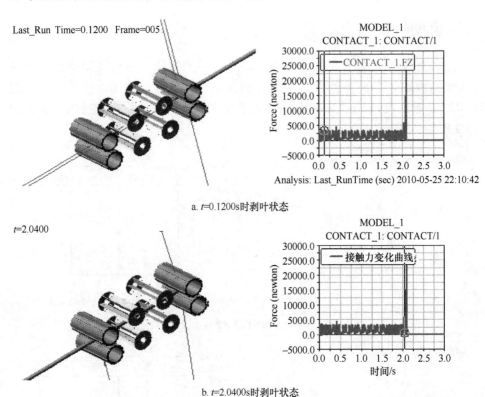

a. t=0.1200s时剥叶状态

b. t=2.0400s时剥叶状态

图 2.7　甘蔗剥叶过程变化图

图 2.8　甘蔗收获机田间试验图

2.3　推倒式甘蔗收获机物流虚拟试验

为实现分段式收获，设计了一种推倒式侧悬挂整秆甘蔗收获机，并建立了整机及关键技术部件的虚拟样机模型。通过对甘蔗收获机关键部件进行虚拟样机仿真，得出了各部件在工作时的物流过程。

2.3.1　推倒式收获整机设计

为将倒伏甘蔗顺利收获并提高生产效率，本书设计了一种推倒式侧悬挂整秆甘蔗收获机，主要由分蔗扶起装置、切割装置、一级输送装置、二级输送装置、集堆装置等组成，如图 2.9 所示。将甘蔗推倒成一定的角度有利于切割输送。

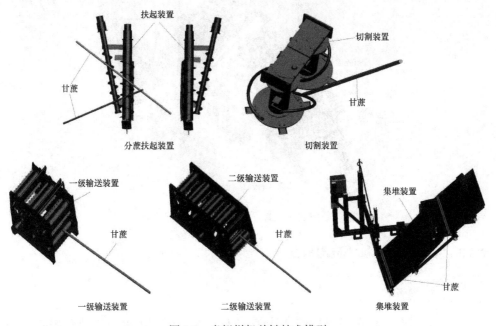

图 2.9　虚拟样机关键技术模型

分蔗扶起装置主要由扶蔗螺旋大滚筒、分蔗螺旋小滚筒、支撑架和液压马达等组成，其作用是扶蔗滚筒将倒伏的甘蔗扶起一定的角度，分蔗滚筒将交叉的两行甘蔗分开，便于后部切割输送。切割装置主要由双刀盘、刀片、传动齿轮箱等组成，其作用是在甘蔗被推扶成便于切割的角度时将其切割。一级输送装置主要由 3 对输送滚筒和传动机构等组成，其作用是将切割后的甘蔗向后喂入输送，便于二级输送装置衔接。二级输送装置主要由 5 对输送滚筒和传动机构等组成，其作用是将前部输送来的甘蔗继续向后向输送便于集堆。集堆装置主要由上部集堆挡板和下部集堆挡板等组成，其作用是将前方输送来的甘蔗进行集堆。当下部集堆甘蔗较多时，打开下部挡板，甘蔗落下，此时上部挡板向上打开继续集堆甘蔗，下部甘蔗完全落下后，下部挡板关闭，上部挡板归为原位，继续集堆。

2.3.2 虚拟样机建模

建立的整机虚拟样机模型如图2.10所示。整秆甘蔗收获机悬挂在功率为48kW的拖拉机上，收获机上每个执行元件皆通过液压传动方式传递动力，其生产率效率约为0.2hm^2/h，机车行走时的前进速度约为0.5m/s。

图 2.10 甘蔗收获机虚拟样机

2.3.3 推倒式收获机物流虚拟试验

2.3.3.1 试验材料

在 ADAMS/VIEW 软件中建立甘蔗模型，按照在湛江广丰农场进行田间测量得到的甘蔗生长数据建立的甘蔗模型为：直径 30mm，长度 2000mm，密度 $4.38×10^{-7}$kg/mm^3。

2.3.3.2 试验方法

1）为了能够很好地研究甘蔗收获时的物流过程，做以下假设：①甘蔗为刚性直秆，在物流过程中，不考虑甘蔗弯曲变形带来的影响。②甘蔗与地面之间为轴套约束。③在仿真中，简化关键技术部件的虚拟样机模型。

2）在 ADAMS 软件中通过虚拟试验，研究整秆式甘蔗收获机的物流过程，按照从前到后的顺序分别分析分蔗扶起装置、切割装置、一级输送装置、二级输送装置、集堆装置的物流过程。

2.3.3.3　虚拟试验设计

建立包括分蔗扶起装置、切割装置、一级输送装置、二级输送装置、集堆装置的虚拟样机模型，研究其收获甘蔗时的物流过程。虚拟试验参数选取如表 2.2 所示。

表 2.2　虚拟试验参数表

关键技术	前进速度/（m/s）	各部件转速/（r/min）	甘蔗倒伏角度/（°）	与甘蔗接触材料
扶起装置	0.2	300	45	Q235
切割装置	0.2	430	75	Mn 钢
一级输送装置	0.2	330	0	Q235
二级输送装置	0.2	330	0	Q235
集堆装置	0.2		0	Q235

2.3.3.4　虚拟试验结果与分析

（1）扶起装置

图 2.11 为甘蔗倒伏为 35°、侧偏角为 0°时甘蔗被扶起过程的虚拟试验结果。图 2.11a～d 分别为扶起时的状态变化情况和扶起角度的变化曲线。在试验中，甘蔗与螺旋滚筒叶片接触（图 2.11a）时产生力瞬间被弹起（图 2.11b），随后在地面的约束下，甘蔗回落到螺旋滚筒叶片上（图 2.11c）被扶起（图 2.11d）。试验表明，甘蔗在被扶起的过程中，被螺旋滚筒叶片向上拨动，发生弹跳，并回弹到螺旋滚筒叶片上继续被扶起。

（2）切割装置

图 2.12 为倒伏角为 75°的甘蔗被切割过程的虚拟试验结果，左侧为切割甘蔗时的状态变化情况，右侧为切割时切割器与甘蔗接触时甘蔗受力曲线图。试验表明，在刀片开始与甘蔗接触时甘蔗受力较大（图 2.12a），刀片完全将甘蔗切断时（图 2.12b）甘蔗几乎不受力，说明甘蔗已经被切断。

（3）一级输送装置

图 2.13 为一级输送过程的虚拟试验结果，左侧为甘蔗被一级输送时的状态变化情况，右侧为甘蔗被一级输送时的受力变化曲线。试验表明，一级输送装置滚筒与甘蔗刚接触（图 2.13a）时右侧的曲线图开始发生突变，滚筒上的齿条与甘蔗频繁接触产生变化，直到甘蔗被顺利输送给二级输送装置（图 2.13b）。

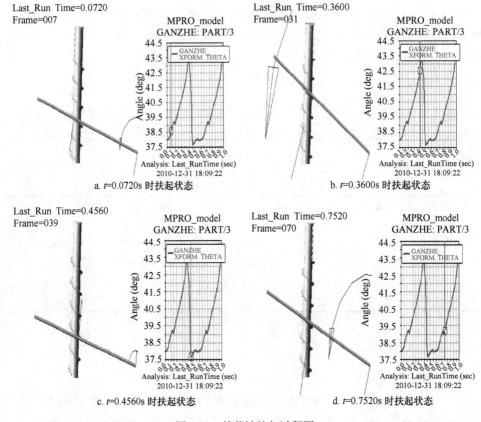

a. *t*=0.0720s 时扶起状态　　　　b. *t*=0.3600s 时扶起状态

c. *t*=0.4560s 时扶起状态　　　　d. *t*=0.7520s 时扶起状态

图 2.11　甘蔗被扶起过程图

（4）二级输送装置

图 2.14 为二级输送过程的虚拟试验结果，左侧为甘蔗被二级输送时的状态变化情况，右侧为甘蔗被二级输送时的受力变化曲线。试验表明，第 1 个滚筒刚开始与甘蔗接触时甘蔗受力产生突变（图 2.14a），此时右侧的曲线图开始发生突变，滚筒上的齿条与甘蔗频繁接触产生变化，直到甘蔗被顺利输送给集堆装置（图 2.14b）。比较图 2.13、图 2.14 得出：二级输送滚筒对甘蔗的作用力比一级输送滚筒对甘蔗的作用力大。

（5）集堆装置

图 2.15 为集堆过程的虚拟试验结果，左侧为甘蔗集堆时的状态变化情况，右侧为甘蔗集堆时的受力变化曲线。试验表明，当下部集堆甘蔗较多时，打开下部挡板，甘蔗落下（图 2.15a），此时上部挡板向上打开继续集堆甘蔗，下部甘蔗完全落下后（图 2.15b），下部挡板关闭，上部挡板归为原位，继续集堆。

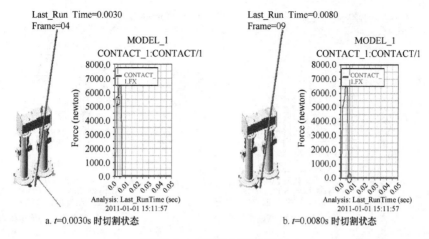

图 2.12 甘蔗被切割过程图

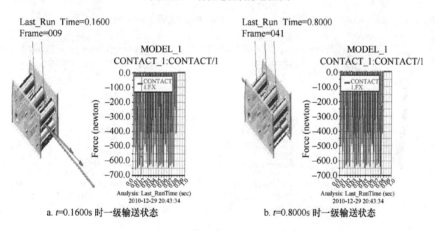

图 2.13 甘蔗被一级输送过程图

2.3.4 田间试验

在湛江农垦广垦农机服务公司试验田里进行田间试验,通过观察得到:该机可连续完成分蔗扶起、切割、输送、集堆铺放等工序,配套 48kW 拖拉机,采用侧悬挂方式,基本达到整秆甘蔗的收获要求(图 2.16)。

试验结果如表 2.3 所示,前进速度为 0.5m/s 时,收获机生产效率为 $0.2hm^2/h$。甘蔗宿根破头率为 11.3%,小于企业标准规定值 18%。田间试验表明:甘蔗在收获过程中出现了表皮破损和折断的情况,根据田间试验统计折断率为 33.33%,收获后甘蔗表皮破损及折断情况如图 2.17 所示。在试验过程中,本机型由于是侧悬挂,重心偏在一侧,右侧过重,因此在收获时右侧易下陷。将在下一步工作中对本机型进行优化。

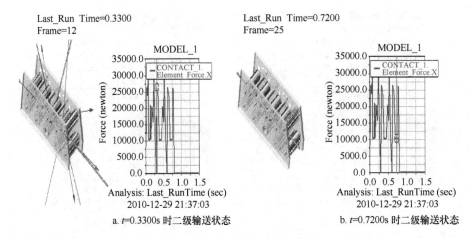

a. t=0.3300s 时二级输送状态　　　　　　b. t=0.7200s 时二级输送状态

图 2.14　甘蔗被二级输送过程图

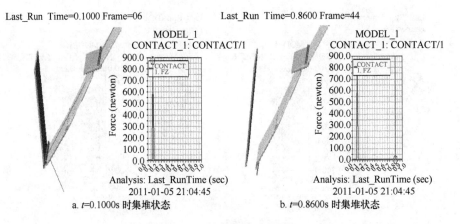

a. t=0.1000s 时集堆状态　　　　　　b. t=0.8600s 时集堆状态

图 2.15　甘蔗集堆过程图

图 2.16　甘蔗收获机田间试验图

表 **2.3**　田间试验结果表

检测项目	测定值	企业标准规定值
作业速度/（m/s）	0.5	0～1.0
纯小时生产率/（hm²/h）	0.2	≥0.2
宿根破头率/%	11.3	≤18
整秆折断率/%	33.3	
切断高度合格率/%	94.3	≥90

图 2.17　收获后甘蔗的破损及折断图

2.4　本章小结

1）通过 PRO/E 和 ADAMS 虚拟样机技术对甘蔗收获机整机物流及关键部件进行运动学和动力学分析，分别对扶蔗和分蔗装置、切割装置、输送装置、铺放输送装置、剥叶装置和集堆装置等的关键技术进行虚拟试验，研究了各部件收获甘蔗时的物流过程。

2）扶起式甘蔗收获机整机物流虚拟试验结果表明，能够顺利实现甘蔗的扶起、切割、夹持输送、铺放输送和剥叶等工序。推倒式甘蔗收获机整机物流虚拟试验结果表明，能够顺利实现甘蔗的分蔗扶起、切割、一级输送、二级输送和集堆等工序。田间试验表明，虚拟试验与田间试验的试验结果一致。这些结果为物流排杂装置的理论分析提供了研究基础。

第3章　甘蔗收获机物流排杂运动理论分析

3.1　引　　言

刘庆庭（2004）、卿上乐（2005）、李志红（2006）对切割装置和输送装置之间的衔接过程进行了试验研究，并通过高速摄影进行了分析。解福祥（2009）对扶起机构和输送装置之间的衔接过程进行试验研究，并通过高速摄影观察分析扶起与输送之间的衔接规律。周勇等（2010）对割台、喂入衔接试验台进行了研究，并进行了田间试验。而将排杂装置加入甘蔗收获机物流运动过程中进行研究的文献未见报道。

为了进一步提高甘蔗收获机的性能，在第2章甘蔗收获机整机物流虚拟试验研究的基础上，针对甘蔗收获机收获的甘蔗夹杂物多、洁净度差等问题设计了一种甘蔗收获机排杂风机，并在研究排杂风机的基础上，将排杂装置加入整机物流中，设计了一种甘蔗收获机物流排杂装置，研究喂入、输送、剥叶和排杂物流过程的运动机理，主要研究喂入、输送、剥叶和排杂的衔接过程和规律，特别是排杂过程的规律。

3.2　物流排杂装置结构与工作原理

3.2.1　物流排杂装置结构

现有甘蔗收获机的各物流装置，由于结构等原因是分离开的，每个收获工序的装置具有各自的通道。对于切段式甘蔗联合收获机，喂入、输送、切段剥叶、排杂由前后相连的4个通道完成。对于整秆式甘蔗联合收获机，喂入、输送、剥叶用一个通道，排杂用另一个通道。为方便研究整个物流过程，本书设计了一种将喂入、输送、剥叶、排杂、分离等集成到一个通道的物流排杂装置，在系统中增加了排杂风机构成风机排杂装置，并将该装置加入整个物流过程中进行分析。

如图3.1所示，甘蔗收获机物流排杂装置主要由喂入装置、前部输送装置、剥叶装置、风机排杂装置、后部输送装置和机架等组成。

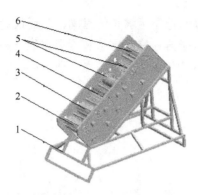

图 3.1　物流排杂装置结构图

1. 机架；2. 喂入装置；3. 前部输送装置；4. 剥叶装置；5. 风机排杂装置；6. 后部输送装置

喂入装置由上层喂入滚筒、齿轮传动机构、下层喂入滚筒等组成。喂入马达将动力传给齿轮传动机构，然后传给上层喂入滚筒和下层喂入滚筒。

输送装置由上层前部输送滚筒、输送传动轴、齿轮链轮传动机构、上层后部输送滚筒、下层前部输送滚筒、下层传动机构、下层后部输送滚筒等组成。上层输送液压马达通过输送传动轴与齿轮链轮传动机构将动力传给上层前部输送滚筒、上层杂质分离滚筒、上层后部输送滚筒及排杂风机外圈输送齿条，上层杂质分离滚筒通过齿轮使其旋转方向与其他滚筒旋转方向相反。下层输送马达将动力传给下层前部输送滚筒，然后通过下层传动机构将动力传给下层风机滚筒的外圈旋转齿条。

剥叶装置由上层剥叶滚筒、剥叶传动轴和下层剥叶滚筒等组成。剥叶液压马达通过剥叶传动轴将动力传给上层剥叶滚筒和下层剥叶滚筒。

风机排杂装置由上风机滚筒、下风机滚筒、上杂质分离滚筒和下杂质分离滚筒等组成。上层风机液压马达带动上层风机滚筒转动，下层风机液压马达带动下层风机滚筒转动。杂质分离液压马达将动力传给下层杂质分离滚筒，通过下层后部传动将动力传给下层后部输送滚筒，并让它们实现反向旋转。

以上装置皆通过物流通道箱体连接，并通过浮动机构实现自由浮动，避免物流装置堵塞。

3.2.2　物流排杂装置工作原理

物流排杂装置工作原理如图 3.2 所示，甘蔗被砍切后随着双刀盘的旋转进入通道中的喂入滚筒，喂入滚筒能够将前面喂入的甘蔗均匀分布在通道中，并通过前部输送滚筒向后输送，此时由于前部输送滚筒的转速比剥叶滚筒小很多，并且可浮动前部输送滚筒与甘蔗产生较大的作用力，而甘蔗与可浮动风机输送滚筒的作用力也较大，让甘蔗能够停留足够长的时间，从而被剥叶滚筒剥叶，然后风机排杂装置将前面剥掉的叶子排在物流排杂装置通道的下部和上部，最后通过后部输送滚筒将甘蔗在物流排杂装置通道内输出，便于后面的集堆。

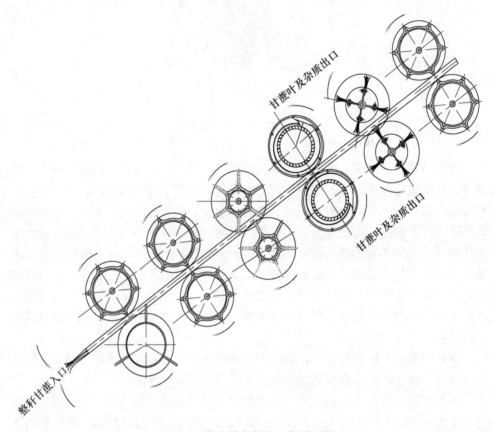

图 3.2　物流排杂装置工作原理图

3.3　高速摄影试验

通过高速摄影观察排杂质物流排杂装置中的物流排杂过程，分析喂入装置、输送装置、剥叶装置和风机排杂装置之间的衔接规律和甘蔗在物流通道内的运动情况，总结物流排杂规律。

3.3.1　试验设备

物流排杂试验装置（图 3.3）、光电式转速测试仪（DT2234C，测量范围 2.5～99 999RPM）、测角器、直尺、卷尺。

图 3.3 高速摄影设备

高速摄影设备采用德国 Optronis 公司生产的 CR600×2 型高速摄像机（图 3.3），记录速度最高为 500 帧/s（FPS），记录容量为 4Gb，试验选用记录速度为 1280×1024 像素，采用碘钨灯照明。

3.3.2 试验材料

试验材料采用湛江农垦广垦农机服务公司试验基地种植的甘蔗，品种为'新台糖 16'，要求无病虫害。

3.3.3 试验方法

通过预试验得出影响排杂效果的最佳参数的组合，根据最佳参数组合，选取在风机出风口角度为 105°、喂入输送滚筒转速为 100r/min、剥叶滚筒转速为 1300r/min、喂入滚筒间距为 340mm、输送滚筒间距为 310mm、剥叶滚筒间距为 280mm、风机滚筒间距为 300mm、杂质分离滚筒间距为 270mm 的情况下进行拍摄，拍摄范围覆盖甘蔗喂入输送、剥叶、排杂、排杂后的整个过程。

3.3.4 试验结果与分析

3.3.4.1 前部喂入输送

图 3.4 为前部喂入输送物流运动高速摄影图像（以甘蔗被喂入滚筒喂入开始记为 $t=0.500s$）。甘蔗被喂入滚筒喂入（0.500s），当甘蔗继续向后运动时，甘蔗根部向上翘起（$t=0.511s$），随着前部输送滚筒的转动，甘蔗被上下输送滚筒的橡胶齿夹住，继续向后输送（$t=0.540s$），通过高速摄影观察，此时甘蔗自身发生扭转，随着输送滚筒的旋转继续向后输送（$t=0.601s$），依靠喂入滚筒和前部输送滚筒的旋转，甘蔗发生弯曲变形（$t=0.632s$），最后输送到剥叶装置便于剥叶（$t=0.897s$）。

0.500s   0.511s

0.540s   0.601s

0.632s   0.897s

图 3.4　前部喂入输送物流运动高速摄影图像

3.3.4.2　剥叶

　　图 3.5 为剥叶物流运动高速摄影图像（以甘蔗被喂入输送滚筒输送到剥叶装置开始记为 $t=0.061s$）。甘蔗被喂入输送滚筒输送到剥叶装置（0.061s），当甘蔗继续向后运动时，甘蔗穿入上下剥叶橡胶块，此时剥叶橡胶块随着剥叶滚筒的旋转开始撕扯、梳刷蔗叶（$t=0.100s$），随着剥叶滚筒的转动，剥叶橡胶刷继续撕扯、梳刷蔗叶，同时向后输送（$t=0.131s$），通过高速摄影观察，此时甘蔗自身发生扭转，随着剥叶滚筒的旋转继续向后输送（$t=0.170s$），依靠前部输送滚筒和剥叶滚筒的旋转，甘蔗发生弯曲变形（$t=0.263s$），蔗叶被上部剥叶橡胶块撕扯掉，

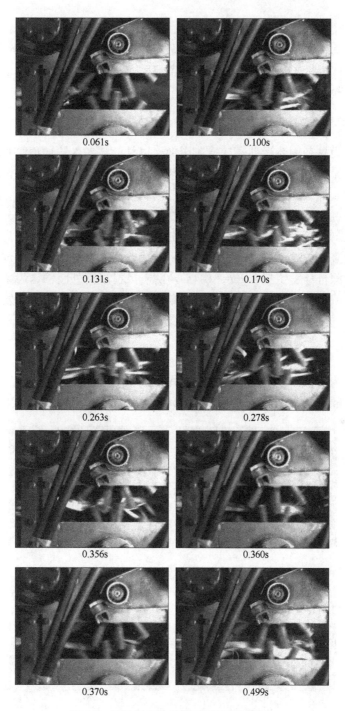

图 3.5　剥叶装置物流运动高速摄影图像

并且随着剥叶滚筒的旋转甩出（0.278s），此后甘蔗沿着剥叶滚筒的轴向发生偏移旋转（0.356s），继续向后运动，当甘蔗尾部处于剥叶装置处（0.360s），蔗尾被剥叶橡胶块击打折断（0.370s），折断后的蔗尾随着甘蔗茎秆一起向后运动，最后输送到排杂装置便于除掉杂质（t=0.499s）。

3.3.4.3　风机排杂

图 3.6 为排杂物流运动高速摄影图像（以甘蔗被喂入输送滚筒和剥叶滚筒输送到风机滚筒开始记为 t=0.715s）。甘蔗被喂入输送滚筒和剥叶装置输送到风机滚筒（0.715s），当甘蔗继续向后运动时，前面剥掉的蔗叶与甘蔗茎秆一起向后输送（t=0.883s），由于风机滚筒外圈输送齿条的旋转，甘蔗到达上下杂质分离滚筒的分离刷（0.953s），随着杂质滚筒的转动，分离刷将蔗叶与甘蔗茎秆分离，风机将蔗叶吹落在物流通道的下方，同时甘蔗茎秆向后输送（t=0.987s），通过高速摄影观察，之后甘蔗自身发生扭转（t=1.011s），随着风机滚筒外圈输送齿条的旋转继续向后输送（t=1.100s），依靠风机滚筒和杂质分离滚筒的旋转，甘蔗发生弯曲变形（t=1.308s），最后输送到杂质分离滚筒便于后续处理（t=1.665s）。

3.3.4.4　排杂后

图 3.7 为排杂后物流运动高速摄影图像（以甘蔗被输送到杂质分离滚筒开始记为 t=0.324s）。甘蔗被输送到杂质分离滚筒（0.324s），当甘蔗继续向后运动时，

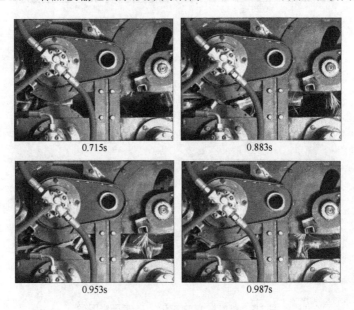

0.715s

0.883s

0.953s

0.987s

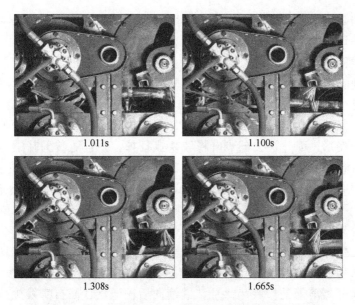

1.011s　　　　　　　　　　　1.100s

1.308s　　　　　　　　　　　1.665s

图 3.6　排杂装置前部物流运动高速摄影图像

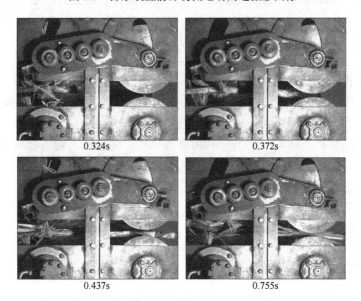

0.324s　　　　　　　　　　　0.372s

0.437s　　　　　　　　　　　0.755s

图 3.7　排杂装置后部物流运动高速摄影图像

随着后部输送滚筒的转动，甘蔗被后部上下输送滚筒的橡胶齿夹住，继续向后输送（t=0.372s），通过高速摄影观察，此时甘蔗自身发生扭转，随着输送滚筒的旋转继续向后输送（t=0.437s），最后输送到集堆装置便于收集（t=0.755s）。

高速摄影试验表明，甘蔗被喂入滚筒喂入，当甘蔗继续向后运动时，甘蔗根部向上翘起，随着前部输送滚筒的转动，甘蔗被上下输送滚筒的橡胶齿夹住，继续向后输送，此时甘蔗自身发生扭转，随着输送滚筒的旋转继续向后输送，依靠喂入滚筒和前部输送滚筒的旋转，甘蔗发生弯曲变形，甘蔗穿入上下剥叶橡胶块。剥叶橡胶块随着剥叶滚筒的旋转开始撕扯、梳刷蔗叶，随着剥叶滚筒的转动，剥叶橡胶刷继续撕扯、梳刷蔗叶，同时向后输送，甘蔗自身发生扭转，随着剥叶滚筒的旋转继续向后输送，依靠前部输送滚筒和剥叶滚筒的旋转，甘蔗发生弯曲变形，蔗叶被上部剥叶橡胶块撕扯掉，并且随着剥叶滚筒的旋转甩出，甘蔗沿着剥叶滚筒的轴向发生偏移旋转，蔗尾被剥叶橡胶块击打折断。前面剥掉的蔗叶与甘蔗茎秆一起向后输送，由于风机滚筒外圈输送齿条的旋转，甘蔗到达上下杂质分离滚筒的分离刷，随着杂质滚筒的转动，分离刷将蔗叶与甘蔗茎秆分离，风机将蔗叶吹落在物流通道的下方，同时甘蔗茎秆向后输送，甘蔗自身发生扭转，随着风机滚筒外圈输送齿条的旋转继续向后输送，依靠风机滚筒和杂质分离滚筒的旋转，甘蔗发生弯曲变形。随着杂质分离滚筒的转动，甘蔗被杂质分离滚筒的橡胶齿夹住，继续向后输送，甘蔗自身发生扭转，随着杂质分离滚筒的旋转继续向后输送，最后输送到集堆装置便于收集。

3.4　排杂风机内流场分析

贯流风机已经在空调（罗亮，2007）和稻麦联合收获机清选装置（邱先钧，2003）中使用。另外，汤楚宙等（2007）在稻麦联合收获机上研究了离心-轴流组合式清粮风机；徐立章等（2007）针对全喂入联合收获机，设计了轴流式脱粒-清选室内试验台；李耀明（2004）利用离心风机对油菜脱出物进行清选。

本书研究的排杂风机轮在蜗壳罩中的进风口方式分为径向进风和轴向进风。径向进风是沿排杂风机轮半径的方向，在蜗壳导流罩上开口。轴向进风是沿排杂风机轮轴线的方向，在蜗壳导流罩端盖上开口。这两种结构除了进风方式不同外，其余参数相同。

3.4.1　径向进风方式风机内流场分析

贯流是指叶轮旋转时，气流从叶轮敞开处进入叶栅，穿过叶轮内部，从另一面叶栅处排入蜗壳，形成工作气流。贯流是随着偏心漩涡的产生而形成的，并且通过漩涡的推动作用使得气流由进口流入从出口流出，经过两次加速的气流输出速度比进口处的速度大很多。径向进风内部流场分析如图 3.8 所示。

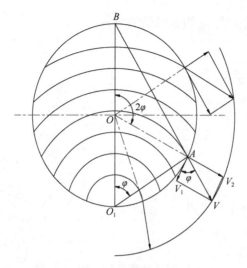

图 3.8　径向进风风机内流场分析图

设涡心位于叶轮内圆上的一点 O_1，在内圆上取另外一点 A，其距 O_1 点的半径为 r。假定在圆周上存在一个为常数 V_2 的速度。由三角形 AO_1B 可知：

$$r = O_1B\cos\varphi \tag{3.1}$$

$$V = \frac{V_2}{\cos\varphi} \tag{3.2}$$

由式（3.1）和式（3.2）推出：

$$rV = O_1B\cos\varphi\frac{V_2}{\cos\varphi} = 常数 \tag{3.3}$$

根据式（3.3）可知，该漩涡运动是一个简单的位涡。由 A 点的速度三角形可知：

$$V_1 = V_2\text{tg}\varphi \tag{3.4}$$

由式（3.4）可知，速度 V_1 是按照正切规律变化的，并且流线呈圆弧形。

3.4.2　轴向进风方式风机内流场分析

当气体质点进入风机叶轮时，以绝对速度 c_1 流经叶片进口 1 处，如图 3.9 所示，此时，叶轮正在旋转，气体质点又随叶轮做圆周运动，其牵连速度为 u_1，故气流以相对速度 ω_1 进入叶片进口 1 处。圆周速度 u_1 与相对速度 ω_1 的矢量和即为绝对速度 c_1。若经过时间 t 后，叶片 1-2 转到 3-4 位置，此时气体质点如果也运动到出口 4 处，在叶轮出口处气流相对于叶片而言，以相对速度 ω_2 流出叶道，但因叶轮出口处具有圆周速度 u_2，故气流实际上以绝对速度 c_2 流动。矢量 c_1 与 u_1 构

成的夹角为 λ_1，矢量 c_2 与 u_2 构成的夹角为 λ_2。

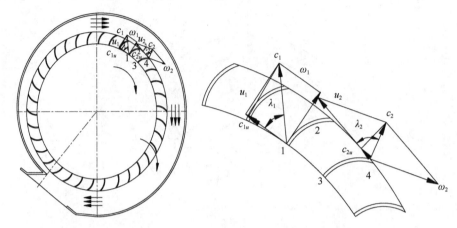

图 3.9　轴向进风风机内流场分析图

根据通风机的基本方程式（李庆宜，1981），

$$P_f = \rho(u_2 c_{2u} - u_1 c_{1u}) \tag{3.5}$$

式中，P_f 表示叶轮对每千克质量气体所做的功，N/m^2；ρ 表示气体的密度，kg/m^3；c_{1u} 表示绝对速度 c_1 的周向分速度，m/s；c_{2u} 表示绝对速度 c_2 的周向分速度，m/s。

利用图 3.9 中进、出口速度三角形，运用余弦定理得

$$\omega_1^2 = u_1^2 + c_1^2 - 2u_1 c_1 \cos \lambda_1 = u_1^2 + c_1^2 - 2u_1 c_{1u} \tag{3.6}$$

$$\omega_2^2 = u_2^2 + c_2^2 - 2u_2 c_2 \cos \lambda_2 = u_2^2 + c_2^2 - 2u_2 c_{2u} \tag{3.7}$$

将式（3.6）和式（3.7）变换为

$$\frac{1}{2}(u_1^2 + c_1^2 - \omega_1^2) = u_1 c_{1u} \tag{3.8}$$

$$\frac{1}{2}(u_2^2 + c_2^2 - \omega_2^2) = u_2 c_{2u} \tag{3.9}$$

将式（3.8）和式（3.9）代入式（3.5）得

$$P_f = \frac{\rho(u_2^2 - u_1^2)}{2} + \frac{\rho(c_2^2 - c_1^2)}{2} + \frac{\rho(\omega_2^2 - \omega_1^2)}{2} \tag{3.10}$$

式中，$\frac{\rho(u_2^2 - u_1^2)}{2}$ 表示气体流经叶轮时，由于离心力作用所增加的静压，该静压的提高与圆周速度的平方差成正比；$\frac{\rho(c_2^2 - c_1^2)}{2}$ 表示气体流经叶轮时所增加的动能，力求在随后的蜗壳等元件中将该部分转变为静压，而在转变过程中有较大的

损失，故设计时首先要求在叶道中获得较大的静压；$\dfrac{\rho(\omega_2^2 - \omega_1^2)}{2}$表示因叶轮叶道截面积变化，气体相对速度降低，所转化的静压增高值。

式（3.10）是欧拉方程式的另一种表达式。

3.5　物流排杂过程动力学分析

3.5.1　喂入滚筒动力学分析

甘蔗在喂入滚筒中受力分析如图 3.10 所示，随着喂入滚筒的旋转，甘蔗受到喂入滚筒的作用力、喂入滚筒的摩擦力和自身的重力。

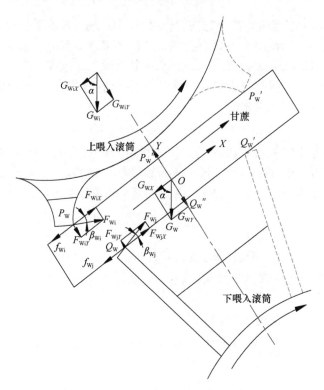

图 3.10　甘蔗在喂入滚筒中受力分析图

假设甘蔗为刚性体，上下滚筒的间隙为 c_W，上喂入滚筒与甘蔗开始接触点为 P_W，与甘蔗分离点为 P_W'，下喂入滚筒与甘蔗开始接触点为 Q_W，与甘蔗分离点为 Q_W'，在喂入滚筒中甘蔗段的重力为 G_W，上喂入滚筒的重力为 G_{Wi}，坐标系如图

3.10 所示。上喂入滚筒作用于甘蔗分为两个阶段，位置 P_W 到中间位置 P''_W 为第一阶段，此时 β_{Wi} 逐渐减小，从中间位置 P_W'' 运动到 P_W' 为第二阶段，此时 β_{Wi} 逐渐增大。两个阶段时间相等，假设上喂入滚筒第一阶段时间为 t_1。下喂入滚筒作用于甘蔗也分为两个阶段，位置 Q_W 到中间位置 Q_W'' 为第一阶段，此时 β_{Wj} 逐渐减小，从中间位置 Q_W'' 运动到 Q_W' 为第二阶段，此时 β_{Wj} 逐渐增大。两个阶段时间相等，假设下喂入滚筒第一阶段时间为 t_1'。

根据图 3.10 对甘蔗进行动力学分析，可得甘蔗在 X 方向上受到的作用力 F_W 为

$$F_W = \int_0^{t_1} (F_{WiX} - f_{Wi}) dT + \int_{t_1}^{2t_1} (F_{WiX} - f_{Wi}) dT +$$
$$\int_0^{t_1'} (F_{WjX} - f_{Wj}) dT + \int_{t_1'}^{2t_1'} (F_{WjX} - f_{Wj}) dT - G_{WX} \tag{3.11}$$

式中，F_{WiX} 表示上喂入滚筒在 X 方向的作用力，N；F_{WjX} 表示下喂入滚筒在 X 方向的作用力，N；f_{Wi} 表示上喂入滚筒与甘蔗之间的摩擦力，N；f_{Wj} 表示下喂入滚筒与甘蔗之间的摩擦力，N；G_{WX} 表示喂入滚筒中甘蔗段在 X 方向上的重力分力，N。

由于甘蔗在运动过程中上喂入滚筒产生了浮动，此时上喂入滚筒和甘蔗在 Y 方向上受力平衡。因此得出：

$$F_{WiY} = G_{Wi} \sin \alpha , \quad F_{WjY} = F_{WiY} + G_{WY} \tag{3.12}$$

式中，F_{WiY} 表示上喂入滚筒在 Y 方向上的作用力，N；F_{WjY} 表示下喂入滚筒在 Y 方向上的作用力，N；G_{Wi} 表示上喂入滚筒的重力，N；G_{WY} 表示喂入滚筒中甘蔗段在 Y 方向上的重力分力，N；α 表示上喂入滚筒和甘蔗段重力与 X 方向的夹角，°，α 为常量。

又因为，

$$G_{Wi} = m_{Wi} g , \quad G_{WY} = m_W g \sin \alpha \tag{3.13}$$

式中，m_{Wi} 表示上喂入滚筒的质量，kg；m_W 表示甘蔗段的质量，kg；g 表示重力加速度，m/s²。

将式（3.13）代入式（3.12）得

$$F_{WiY} = m_{Wi} g \sin \alpha , \quad F_{WjY} = (m_{Wi} + m_W) g \sin \alpha \tag{3.14}$$

又由于，

$$F_{WiX} = F_{WiY} \cot \beta_{Wi}, F_{WjX} = F_{WjY} \cot \beta_{Wj}, f_{Wi} = u F_{WiY}, f_{Wj} = u F_{WjY}, G_{WX} = m_W g \cos \alpha$$
$$\tag{3.15}$$

式中，β_{Wi} 表示上喂入滚筒切线方向与 X 方向之间的夹角，°；β_{Wj} 表示沿下喂入滚筒切线方向与 X 方向之间的夹角，°；u 表示动摩擦因数。

将式（3.14）和式（3.15）代入式（3.11）得

$$F_{\mathrm{W}} = m_{\mathrm{Wi}} g \sin \alpha \Big[\int_{0}^{t_{1}} (\cot \beta_{\mathrm{Wi}} - u) \mathrm{d}T + \int_{t_{1}}^{2t_{1}} [\cot(-\beta_{\mathrm{Wi}}) - u] \mathrm{d}T + (m_{\mathrm{Wi}} + m_{\mathrm{W}}) g \sin \alpha$$

$$\cdot \Big[\int_{0}^{t_{1}'} (\cot \beta_{\mathrm{Wj}} - u) \mathrm{d}T + \int_{t_{1}'}^{2t_{1}'} [\cot(-\beta_{\mathrm{Wj}}) - u] \mathrm{d}T - m_{\mathrm{W}} g \cos \alpha$$

$$(3.16)$$

式（3.16）即甘蔗在喂入滚筒中所受作用力的表达式。

3.5.2　输送滚筒动力学分析

假设甘蔗为刚性体，滚筒与甘蔗之间的运动轨迹如图 3.11 所示。上输送滚筒与甘蔗开始接触点为 P_0，经过时间 t 后到位置 P_1 处，滚筒在自身转动的同时滚筒中心向上移动，中间位置为 P_2，输送滚筒在 P_0 处线速度方向与 X 方向作用力之间的夹角为 β_0，在 P_1 处线速度方向与 X 方向作用力之间的夹角为 β（图 3.12），从位置 P_0 到位置 P_1 时，滚筒旋转的角度为 β'。假设上下滚筒的间隙为 c，甘蔗直径为 d，输送滚筒的半径为 R，角速度为 ω，则输送过程中滚筒中心上浮最大距离为 S。输送滚筒作用于甘蔗分为两个阶段，位置 P_0 到 P_2 为第一阶段，此时 β 逐渐减小，从位置 P_2 运动到 P_0' 为第二阶段，此时 β'' 逐渐增大。两个阶段时间相等，令第一阶段时间为 t_2。

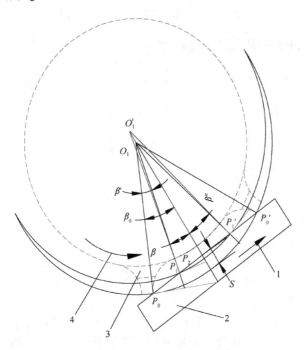

图 3.11　甘蔗在输送滚筒中运动轨迹图

1. 甘蔗运动方向；2. 甘蔗；3. 输送滚筒；4. 输送滚筒旋转方向

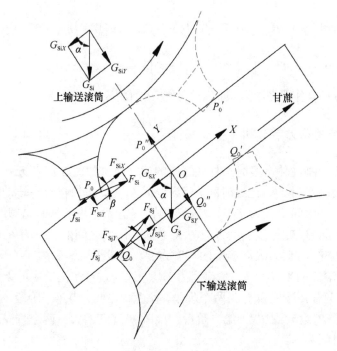

图 3.12　甘蔗在输送滚筒中受力分析图

当滚筒作用于甘蔗从起点位置 P_0 到 P_2 时，

$$\cos\beta_0 = \frac{R-S}{R} \tag{3.17}$$

又因为 $S = d - c$，

$$\beta_0 = \arccos\frac{R-d-c}{R} \tag{3.18}$$

根据图 3.10 可知，滚筒转过角度 $\beta' = \omega t$，此时，

$$P_1P_2 = (R-S)\tan(\beta_0 - \beta') \tag{3.19}$$

将式（3.18）代入式（3.19）得

$$\sin\beta = \frac{P_1P_2}{R} = \frac{(R-S)\tan(\arccos\dfrac{R-d-c}{R} - \omega t)}{R} \tag{3.20}$$

同理，从位置 P_2 运动到 P_0' 时，$\beta'' = -\beta$。

甘蔗在输送滚筒中受力分析如图 3.12 所示，随着输送滚筒的旋转，甘蔗受到输送滚筒的作用力、输送滚筒的摩擦力和自身的重力。下输送滚筒运动轨迹分析与上输送滚筒相同，开始接触点为 Q_0，与甘蔗分离点为 Q_0'，在输送滚筒中甘蔗段的重力为 G_s，上输送滚筒的重力为 G_{Si}，坐标系如图 3.11 所示。

根据图 3.12 对甘蔗进行动力学分析，可得甘蔗在 X 方向上受到的作用力 F_S 为

$$F_S = \int_0^{t_2} [(F_{SiX} + F_{SjX}) - (f_{Si} + f_{Sj})] \mathrm{d}T + \int_{t_2}^{2t_2} [(F_{SiX} + F_{SjX}) - (f_{Si} + f_{Sj})] \mathrm{d}T - G_{SX} \quad (3.21)$$

式中，F_{SiX} 表示上输送滚筒在 X 方向的作用力，N；F_{SjX} 表示下输送滚筒在 X 方向的作用力，N；f_{Si} 表示上输送滚筒与甘蔗之间的摩擦力，N；f_{Sj} 表示下输送滚筒与甘蔗之间的摩擦力，N；G_{SX} 表示输送滚筒中甘蔗段在 X 方向上的重力分力，N。

由于甘蔗在运动过程中上输送滚筒产生了浮动，此时上输送滚筒和甘蔗在 Y 方向上受力平衡。因此得出：

$$F_{SiY} = G_{Si} \sin \alpha , \quad F_{SjY} = F_{SiY} + G_{SY} \quad (3.22)$$

式中，F_{SiY} 表示上输送滚筒在 Y 方向上的作用力，N；F_{SjY} 表示下输送滚筒在 Y 方向上的作用力，N；G_{Si} 表示上输送滚筒的重力，N；G_{SY} 表示输送滚筒中甘蔗段在 Y 方向上的重力分力，N；α 表示上输送滚筒和甘蔗段重力与 X 方向的夹角，°，α 为常量。

又因为，

$$G_{Si} = m_{Si} g , \quad G_{SY} = m_S g \sin \alpha \quad (3.23)$$

式中，m_{Si} 表示上输送滚筒的质量，kg；m_S 表示甘蔗段的质量，kg；g 表示重力加速度，m/s^2。

将式（3.23）代入式（3.22）得

$$F_{SiY} = m_{Si} g \sin \alpha , \quad F_{SjY} = (m_{Si} + m_S) g \sin \alpha \quad (3.24)$$

又由于，

$$F_{SiX} = F_{SiY} \cot \beta , \ F_{SjX} = F_{SjY} \cot \beta , \ f_{Si} = u F_{SiY} , \ f_{Sj} = u F_{SjY} , \ G_{SX} = m_S g \cos \alpha \quad (3.25)$$

式中，β 表示上、下输送滚筒线速度方向与 X 方向作用力之间的夹角，°；u 表示动摩擦因数。

将式（3.24）和式（3.25）代入式（3.21）得

$$F_S = \int_0^{t_2} [2m_{Si} g \sin \alpha \cot \beta + m_S g \sin \alpha \cot \beta - u g \sin \alpha (2m_{Si} + m_S)] \mathrm{d}T$$

$$+ \int_{t_2}^{2t_2} [2m_{Si} g \sin \alpha \cot(-\beta) + m_S g \sin \alpha \cot(-\beta) - u g \sin \alpha (2m_{Si} + m_S)] \mathrm{d}T - m_S g \cos \alpha$$

$$(3.26)$$

即

$$F_S = \int_0^{t_2} \{(2m_{Si} + m_S) \ g\sin\alpha \cot[\arcsin\frac{(R-S)\tan(\arccos\frac{R-d-c}{R} - \omega t)}{R}]$$
$$-ug\sin\alpha(2m_{Si} + m_S)\}\mathrm{d}T \tag{3.27}$$
$$+ \int_{t_2}^{2t_2} \{(2m_{Si} + m_S) \ g\sin\alpha \cot[-\arcsin(\frac{(R-S)\tan(\arccos\frac{R-d-c}{R} - \omega t)}{R})]$$
$$-ug\sin\alpha(2m_{Si} + m_S)\}\mathrm{d}T - m_S g\cos\alpha$$

根据本书物流排杂装置的设计要求，式（3.27）中上输送滚筒的质量 $m_{Si}\approx$ 44kg，输送滚筒中甘蔗段的质量 $m_S\approx0.12$kg，重力 g=9.8N/m²，上输送滚筒和甘蔗段重力与 X 方向的夹角 α=55°，输送滚筒的半径为 R=0.15m，上下滚筒的间隙为 c=0.02m，甘蔗直径为 d=0.03m，输送过程中滚筒中心上浮最大距离为 S=0.01m，输送滚筒的角速度 ω=10.47rad/s，动摩擦因数 u=0.4。根据高速摄影观察，t_2=0.03s。将以上参数代入式（3.27），并利用 Matlab 软件对其数值积分得

$$F_{S1} = \int_0^{t_2} \{(2m_{Si} + m_S) \ g\sin\alpha \cot[\arcsin\frac{(R-S)\tan(\arccos\frac{R-d-c}{R} - \omega t)}{R}]$$
$$-ug\sin\alpha(2m_{Si} + m_S)\}\mathrm{d}T$$

$$F_{S2} = \int_{t_2}^{2t_2} \{(2m_{Si} + m_S) \ g\sin\alpha \cot[-\arcsin(\frac{(R-S)\tan(\arccos\frac{R-d-c}{R} - \omega t)}{R})]$$
$$-ug\sin\alpha(2m_{Si} + m_S)\}\mathrm{d}T$$

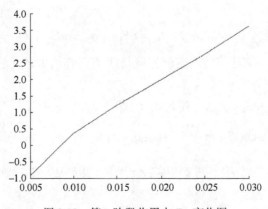

图 3.13 第一阶段作用力 F_{S1} 变化图

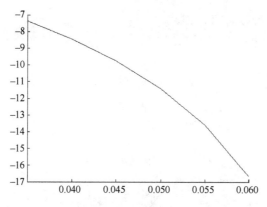

图 3.14　第二阶段作用力 F_{S2} 变化图

通过数值积分结果和图 3.13、图 3.14 可知，输送滚筒在第一阶段（0～0.03s）所受的作用力逐渐增大，到达 0.03s 时所受的作用力最大，在第二阶段（0.03～0.06s）所受的作用力逐渐减小。

将数值积分结果进行 3 次多项式拟合得

$$F_{S1} = [(2.01-1.02i)t^3 + (-0.12+0.06i)t^2 + (0.004-0.001i)t] \times (1.0e+005) \quad (3.28)$$

$$F_{S2} = [-2.85t'^3 + 0.31t'^2 - 0.01t' + 0.0001] \times (1.0e+005) \quad (3.29)$$

将式（3.28）和式（3.29）代入式（3.27）得

$$
\begin{aligned}
F_S = &[(2.01-1.02i)t^3 + (-0.12+0.06i)t^2 + (0.004-0.001i)t] \times (1.0e+005) \\
&+ [-2.85t'^3 + 0.31t'^2 - 0.01t' + 0.0001] \times (1.0e+005) - 0.675
\end{aligned} \quad (3.30)
$$

式（3.30）即甘蔗在输送滚筒中所受作用力的表达式。

3.5.3　剥叶滚筒动力学分析

甘蔗在剥叶滚筒中受力分析如图 3.15 所示，随着剥叶滚筒旋转，甘蔗受到剥叶滚筒的作用力、剥叶滚筒的摩擦力和自身的重力。

假设甘蔗为刚性体，上下滚筒的间隙为 c_B，上剥叶滚筒与甘蔗开始接触点为 P_B，与甘蔗分离点为 P_B'，下剥叶滚筒与甘蔗开始接触点为 Q_B，与甘蔗分离点为 Q_B'，在剥叶滚筒中甘蔗段的重力为 G_B，上剥叶滚筒的重力为 G_{Bi}，坐标系如图 3.15 所示。上剥叶滚筒作用于甘蔗分为两个阶段，位置 P_B 到中间位置 P_B'' 为第一阶段，此时 β_{Bi} 逐渐减小，从中间位置 P_B'' 运动到 P_B' 为第二阶段，此时 β_{Bi} 逐渐增大。两个阶段时间相等，假设上剥叶滚筒第一阶段时间为 t_3。下剥叶滚筒作用于甘蔗也分为两个阶段，位置 Q_B 到中间位置 Q_B'' 为第一阶段，此时 β_{Bj} 逐渐减小，从中间位置 Q_B'' 运动到 Q_B' 为第二阶段，此时 β_{Bj} 逐渐增大。两个阶段时间相等，令下喂入滚筒第一阶段时间为 t_3'。

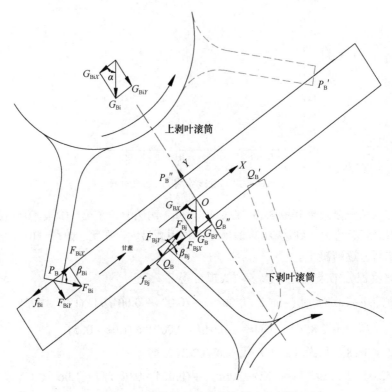

图 3.15 甘蔗在剥叶滚筒中受力分析图

根据图 3.15 对甘蔗进行动力学分析，可得甘蔗在 X 方向上受到的作用力 F_B 为

$$F_B = \int_0^{t_3}(F_{BiX} - f_{Bi})dT + \int_{t_3}^{2t_3}(F_{BiX} - f_{Bi})dT + \int_0^{t_3'}(F_{BjX} - f_{Bj})dT$$

$$+ \int_{t_3'}^{2t_3'}(F_{BjX} - f_{Bj})dT - G_{BX} \tag{3.31}$$

式中，F_{BiX} 表示上剥叶滚筒在 X 方向的作用力，N；F_{BjX} 表示下剥叶滚筒在 X 方向的作用力，N；f_{Bi} 表示上剥叶滚筒与甘蔗之间的摩擦力，N；f_{Bj} 表示下剥叶滚筒与甘蔗之间的摩擦力，N；G_{BX} 表示剥叶滚筒中甘蔗段在 X 方向上的重力分力，N。

由于甘蔗在运动过程中上剥叶滚筒产生了浮动，此时上剥叶滚筒和甘蔗在 Y 方向上受力平衡。因此得出：

$$F_{BiY} = G_{Bi}\sin\alpha \ , \quad F_{BjY} = F_{BiY} + G_{BY} \tag{3.32}$$

式中，F_{BiY} 表示上剥叶滚筒在 Y 方向的作用力，N；F_{BjY} 表示下剥叶滚筒在 Y 方向的作用力，N；G_{Bi} 表示上剥叶滚筒的重力，N；G_{BY} 表示剥叶滚筒中甘蔗段在 Y 方向上的重力分力，N；α 表示上剥叶滚筒和甘蔗段重力与 X 方向的夹角，°，α

为常量。

又因为，

$$G_{Bi} = m_{Bi} g \ , \quad G_{BY} = m_B g \sin \alpha \tag{3.33}$$

式中，m_{Bi} 表示上剥叶滚筒的质量，kg；m_B 表示甘蔗段的质量，kg；g 表示重力加速度，m/s^2。

将式（3.33）代入式（3.32）得

$$F_{BiY} = m_{Bi} g \sin \alpha \ , \quad F_{BjY} = (m_{Bi} + m_B) g \sin \alpha \tag{3.34}$$

又由于，

$$F_{BiX} = F_{BiY} \cot \beta_{Bi} \ , \quad F_{BjX} = F_{BjY} \cot \beta_{Bj} \ , \quad f_{Bi} = u F_{BiY} \ , \quad f_{Bj} = u F_{BjY} \ , \quad G_{BX} = m_B g \cos \alpha \tag{3.35}$$

式中，β_{Bi} 表示上剥叶滚筒切线方向与 X 方向作用力之间的夹角，°；β_{Bj} 表示下剥叶滚筒切线方向与 X 方向之间的夹角，°；u 表示动摩擦因数。

将式（3.34）和式（3.35）代入式（3.31）得

$$F_B = m_{Bi} g \sin \alpha [\int_0^{t_3} (\cot \beta_{Bi} - u) \mathrm{d}T + \int_{t_3}^{2t_3} [\cot(-\beta_{Bi}) - u] \mathrm{d}T + (m_{Bi} + m_B) g \sin \alpha$$
$$\cdot [\int_0^{t_3'} (\cot \beta_{Bj} - u) \mathrm{d}T + \int_{t_3'}^{2t_3'} [\cot(-\beta_{Bj}) - u] \mathrm{d}T - m_B g \cos \alpha \tag{3.36}$$

式（3.36）即甘蔗在剥叶滚筒中所受作用力的表达式。

3.5.4　排杂输送滚筒动力学分析

甘蔗在排杂输送滚筒中受力分析如图 3.16 所示，随着排杂输送滚筒的旋转，甘蔗受到排杂输送滚筒的作用力、排杂输送滚筒的摩擦力和自身的重力。

假设甘蔗为刚性体，上下滚筒的间隙为 c_P，上排杂输送滚筒与甘蔗开始接触点为 P_P，与甘蔗分离点为 P_P'，下排杂输送滚筒与甘蔗开始接触点为 Q_P，与甘蔗分离点为 Q_P'，在排杂输送滚筒中甘蔗段的重力为 G_P，上排杂输送滚筒的重力为 G_{Pi}，坐标系如图 3.16 所示。排杂输送滚筒作用于甘蔗分为两个阶段，位置 P_P 到中间位置 P_P'' 为第一阶段，此时 β_P 逐渐减小，从中间位置运动到 P_P' 为第二阶段，此时 β_P 逐渐增大。两个阶段时间相等，假设第一阶段时间为 t_4。

根据图 3.16 对甘蔗进行动力学分析，可得甘蔗在 X 方向上受到的作用力 F_P 为

$$F_P = \int_0^{t_4} [(F_{PiX} + F_{PjX}) - (f_{Pi} + f_{Pj})] \mathrm{d}T + \int_{t_4}^{2t_4} [(F_{PiX} + F_{PjX}) - (f_{Pi} + f_{Pj})] \mathrm{d}T - G_{PX} \tag{3.37}$$

式中，F_{PiX} 表示上排杂输送滚筒在 X 方向的作用力，N；F_{PjX} 表示下排杂输送滚筒在 X 方向的作用力，N；f_{Pi} 表示上排杂输送滚筒与甘蔗之间的摩擦力，N；f_{Pj} 表示下排杂输送滚筒与甘蔗之间的摩擦力，N；G_{PX} 表示排杂输送滚筒中甘蔗段在 X 方

向上的重力分力，N。

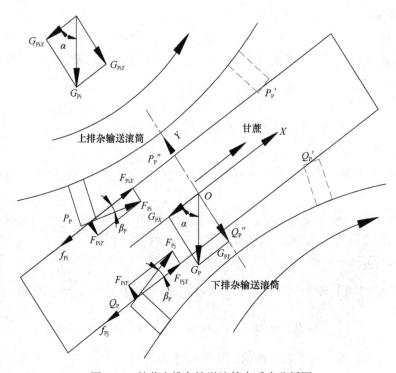

图 3.16　甘蔗在排杂输送滚筒中受力分析图

由于甘蔗在运动过程中上排杂输送滚筒产生了浮动，此时上排杂输送滚筒和甘蔗在 Y 方向上受力平衡。因此得出：

$$F_{\mathrm{Pi}Y} = G_{\mathrm{Pi}} \sin \alpha , \quad F_{\mathrm{Pj}Y} = F_{\mathrm{Pi}Y} + G_{\mathrm{P}Y} \tag{3.38}$$

式中，$F_{\mathrm{Pi}Y}$ 表示上排杂输送滚筒在 Y 方向的作用力，N；$F_{\mathrm{Pj}Y}$ 表示下排杂输送滚筒在 Y 方向的作用力，N；G_{Pi} 表示上排杂输送滚筒的重力，N；$G_{\mathrm{P}Y}$ 表示排杂输送滚筒中甘蔗段在 Y 方向上的重力分力，N；α 表示上排杂输送滚筒和甘蔗段重力与 X 方向的夹角，°，α 为常量。

又因为，

$$G_{\mathrm{Pi}} = m_{\mathrm{Pi}} g , \quad G_{\mathrm{P}Y} = m_{\mathrm{P}} g \sin \alpha \tag{3.39}$$

式中，m_{Pi} 表示上排杂输送滚筒的质量，kg；m_{P} 表示甘蔗段的质量，kg；g 表示重力加速度，m/s^2。

将式（3.39）代入式（3.38）得

$$F_{\mathrm{Pi}Y} = m_{\mathrm{Pi}} g \sin \alpha , \quad F_{\mathrm{Pj}Y} = (m_{\mathrm{Pi}} + m_{\mathrm{P}}) g \sin \alpha \tag{3.40}$$

又由于，

$$F_{\mathrm{P}iX} = F_{\mathrm{P}iY}\cot\beta_{\mathrm{P}}, \quad F_{\mathrm{P}jX} = F_{\mathrm{P}jY}\cot\beta_{\mathrm{P}}, \quad f_{\mathrm{P}i} = uF_{\mathrm{P}iY}, \quad f_{\mathrm{P}j} = uF_{\mathrm{P}jY}, \quad G_{\mathrm{P}X} = m_{\mathrm{P}}g\cos\alpha$$

$$(3.41)$$

式中，β_{P} 表示上排杂输送滚筒切线方向与 X 方向作用力之间的夹角，°；　u 表示动摩擦因数。

将式（3.40）和式（3.41）代入式（3.37）得

$$F_{\mathrm{P}} = \int_0^{t_4}[2m_{\mathrm{P}i}g\sin\alpha\cot\beta_{\mathrm{P}} + m_{\mathrm{P}}g\sin\alpha\cot\beta_{\mathrm{P}} - ug\sin\alpha(2m_{\mathrm{P}i}+m_{\mathrm{P}})]\mathrm{d}T$$

$$+\int_{t_4}^{2t_4}[2m_{\mathrm{P}i}g\sin\alpha\cot(-\beta_{\mathrm{P}}) + m_{\mathrm{P}}g\sin\alpha\cot(-\beta_{\mathrm{P}}) - ug\sin\alpha(2m_{\mathrm{P}i}+m_{\mathrm{P}})]\mathrm{d}T - m_{\mathrm{P}}g\cos\alpha$$

$$(3.42)$$

式（3.42）即甘蔗在排杂输送滚筒中所受作用力的表达式。

3.5.5　杂质分离滚筒动力学分析

甘蔗在杂质分离滚筒中受力分析如图 3.17 所示，杂质分离滚筒的旋转方向与物流排杂装置其他滚筒旋转方向相反。随着杂质分离滚筒的旋转，甘蔗受到杂质分离滚筒的作用力、杂质分离滚筒的摩擦力和自身的重力。

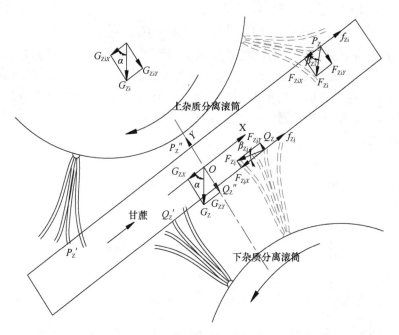

图 3.17　甘蔗在杂质分离滚筒中受力分析图

假设甘蔗为刚性体，上下滚筒的间隙为 c_{Z}，上杂质分离滚筒与甘蔗开始接触点为 P_{Z}，与甘蔗分离点为 P_{Z}'，下杂质分离滚筒与甘蔗开始接触点为 Q_{Z}，与甘蔗

分离点为 $Q_Z{}'$，在杂质分离滚筒中甘蔗段的重力为 G_Z，上杂质分离滚筒的重力为 G_{Zi}，坐标系如图 3.17 所示。上杂质分离滚筒作用于甘蔗分为两个阶段，位置 P_Z 到中间位置 $P_Z{}''$ 为第一阶段，此时 β_{Zi} 逐渐减小，从中间位置 $P_Z{}''$ 运动到 $P_Z{}'$ 为第二阶段，此时 β_{Zi} 逐渐增大。两个阶段时间相等，假设上杂质分离滚筒第一阶段时间为 t_5。下杂质分离滚筒作用于甘蔗也分为两个阶段，位置 Q_Z 到中间位置 $Q_Z{}''$ 为第一阶段，此时 β_{Zj} 逐渐减小，从中间位置 $Q_Z{}''$ 运动到 $Q_Z{}'$ 为第二阶段，此时 β_{Zj} 逐渐增大。两个阶段时间相等，令下杂质分离滚筒第一阶段时间为 $t_5{}'$。

根据图 3.17 对甘蔗进行动力学分析，可得甘蔗在 X 方向上受到的作用力 F_Z 为

$$F_W = \int_0^{t_5}(F_{ZiX} - f_{Zi})\mathrm{d}T + \int_{t_5}^{2t_5}(F_{ZiX} - f_{Zi})\mathrm{d}T + \int_0^{t_5'}(F_{ZjX} - f_{Zj})\mathrm{d}T + \int_{t_5'}^{2t_5'}(F_{ZjX} - f_{Zj})\mathrm{d}T - G_{ZX}$$

（3.43）

式中，F_{ZiX} 表示上杂质分离滚筒在 X 方向的作用力，N；F_{ZjX} 表示下杂质分离滚筒在 X 方向的作用力，N；f_{Zi} 表示上杂质分离滚筒与甘蔗之间的摩擦力，N；f_{Zj} 表示下杂质分离滚筒与甘蔗之间的摩擦力，N；G_{ZX} 表示杂质分离滚筒中甘蔗段在 X 方向上的重力分力，N。

由于甘蔗在运动过程中上杂质分离滚筒产生了浮动，此时上杂质分离滚筒和甘蔗在 Y 方向上受力平衡。因此得出：

$$F_{ZiY} = G_{Zi}\sin\alpha , \quad F_{ZjY} = N_{Zi} + G_{ZY} \tag{3.44}$$

式中，F_{ZiY} 表示上杂质分离滚筒在 Y 方向的作用力，N；F_{ZjY} 表示下杂质分离滚筒在 Y 方向的作用力，N；G_{Zi} 表示上杂质分离滚筒的重力，N；G_{ZY} 表示杂质分离滚筒中甘蔗段在 Y 方向上的重力分力，N；α 表示上杂质分离滚筒和甘蔗段重力与 X 方向的夹角，°，α 为常量。

又因为，

$$G_{Zi} = m_{Zi}g , \quad G_{YZ} = m_Z g\sin\alpha \tag{3.45}$$

式中，m_{Zi} 表示上杂质分离滚筒的质量，kg；m_Z 表示甘蔗段的质量，kg；g 表示重力加速度，m/s^2。

将式（3.45）代入式（3.44）得

$$F_{ZiY} = m_{Zi}g\sin\alpha , \quad F_{ZjY} = (m_{Zi} + m_Z)g\sin\alpha \tag{3.46}$$

又由于，

$$F_{ZiX} = F_{ZiY}\cot\beta_{Zi} , \quad F_{ZjX} = F_{ZjY}\cot\beta_{Zj} , \quad f_{Zi} = uF_{ZiY} , \quad f_{Zj} = uF_{ZjY} , \quad G_{ZX} = m_Z g\cos\alpha$$

（3.47）

式中，β_Z 表示上杂质分离滚筒切线方向与 X 方向作用力之间的夹角，°；β_{Zj} 表示下杂质分离滚筒切线方向与 X 方向作用力之间的夹角，°；u 表示动摩擦因数。

将式（3.46）和式（3.47）代入式（3.43）得

$$F_Z = m_{Zi}g\sin\alpha\big[\int_0^{t_5}(\cot\beta_{Zi}-u)\mathrm{d}T + \int_{t_5}^{2t_5}[\cot(-\beta_{Zi})-u]\mathrm{d}T + (m_{Zi}+m_Z)g\sin\alpha$$

$$\cdot\big[\int_0^{t_5'}(\cot\beta_{Zj}-u)\mathrm{d}T + \int_{t_5'}^{2t_5'}[\cot(-\beta_{Zj})-u]\mathrm{d}T - m_Z g\cos\alpha \tag{3.48}$$

式（3.48）即甘蔗在杂质分离滚筒中所受作用力的表达式。

在物流排杂装置中 X 方向上甘蔗受到的合力 F 为

$$F = F_W + 2F_S + F_B + F_P - F_Z \tag{3.49}$$

式（3.49）为甘蔗在物流排杂过程中所受合力的基本方程。

根据动量定理得

$$Ft = mV_t - mV_0 \tag{3.50}$$

式中，F 表示甘蔗在 X 方向上的合力，N；t 表示甘蔗在物流排杂过程中的运动时间，s；m 表示甘蔗的质量，kg；V_t 表示甘蔗在 t 时刻的物流速度，m/s；V_0 表示甘蔗的初速度，m/s。

由于甘蔗在物流排杂装置中的初速度 V_0=0，因此甘蔗在物流排杂装置中的速度 V_t 为

$$V_t = \frac{Ft}{m} \tag{3.51}$$

将式（3.49）代入式（3.51）得

$$V_t = \big(F_W + 2F_S + F_B + F_P - F_Z\big)\frac{t}{m} \tag{3.52}$$

式（3.52）为甘蔗在物流排杂装置中的物流速度方程。

3.6　本章小结

1）高速摄影试验表明，当甘蔗喂入时，甘蔗根部向上翘起，随着前部输送滚筒的转动，甘蔗被上下输送滚筒的橡胶齿夹住，继续向后输送，此时甘蔗自身发生扭转，随着输送滚筒的旋转继续向后输送，依靠喂入滚筒和前部输送滚筒的旋转，甘蔗发生弯曲变形，甘蔗穿入上下剥叶橡胶块。剥叶橡胶块随着剥叶滚筒的旋转开始撕扯、梳刷蔗叶，随着剥叶滚筒的转动，剥叶橡胶刷继续撕扯、梳刷蔗叶，同时向后运送，甘蔗自身发生扭转，随着剥叶滚筒的旋转继续向后输送，依靠前部输送滚筒和剥叶滚筒的旋转，蔗叶被上部剥叶橡胶块撕扯掉，并且随着剥叶滚筒的旋转甩出，甘蔗沿着剥叶滚筒的轴向发生偏移旋转，蔗尾被剥叶橡胶块击打折断。前面剥掉的蔗叶与甘蔗茎秆一起向后输送，由于风机滚筒外圈输送齿条的旋转，甘蔗到达上下杂质分离滚筒的分离刷，随着杂质滚筒的转动，分离刷将蔗叶与甘蔗茎秆分离，风机将蔗叶吹落在物流通道的下方，同时甘蔗茎秆向后

输送。随着风机滚筒外圈输送齿条的旋转继续向后输送，依靠风机滚筒和杂质分离滚筒的旋转，甘蔗发生弯曲变形。随着后部输送滚筒的转动，甘蔗被后部上下输送滚筒的橡胶齿夹住，继续向后输送。在物流过程中，甘蔗发生了弹跳、弯曲和扭转。

2）通过径向进风内流场分析得出，该种方式是一个简单的位涡漩涡运动，其质点速度三角形为 $V_1 = V_2 \mathrm{tg}\partial$，由此可知，速度 V_1 是按照正切规律变化的，并且流线呈圆弧形。

3）通过轴向进风内流场分析得出欧拉方程式：$P_{风} = \dfrac{\rho(u_2^2 - u_1^2)}{2} + \dfrac{\rho(c_2^2 - c_1^2)}{2} +$ $\dfrac{\rho(\omega_2^2 - \omega_1^2)}{2}$。可知，气体流经叶轮时，由于离心力作用所增加的静压，该静压的提高与圆周速度的平方差成正比；气体流经叶轮时所增加的动能，力求在随后的蜗壳等元件中将该部分转变为静压，而在转变过程中有较大的损失，故设计时首先要求在叶道中获得较大的静压；因叶轮叶道截面积变化，气体相对速度降低，所转化的静压增高值。

4）通过物流排杂过程的动力学分析，建立甘蔗在喂入滚筒、输送滚筒、剥叶滚筒、风机输送滚筒、杂质分离滚筒中的物流动力学方程，分析了甘蔗在各部件所受力的变化情况，通过各部件物流动力学分析得出甘蔗在物流排杂装置中的物流速度。

第 4 章　物流排杂装置的结构设计

4.1　引　　言

本书设计的甘蔗收获机物流排杂装置主要由喂入装置、前部输送装置、剥叶装置、风机排杂装置、后部输送装置和机架等组成,用于一种中小型自走式整秆甘蔗联合收获机中。中小型自走式整秆甘蔗联合收获机(图 4.1)主要由扶起装置、推倒装置、控制台、驾驶台、割台、机架、物流排杂装置、行走机构和集堆装置等组成。收获机工作时,通过扶起装置将甘蔗分蔗扶起,推倒装置中的推倒筒将甘蔗推扶成一定角度,便于切割喂入,割台将甘蔗向后喂入到物流排杂装置中完成喂入、输送、剥叶、排杂等工序,最后通过集堆装置对整秆甘蔗进行收集。

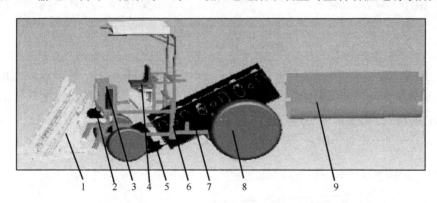

图 4.1　中小型自走式整秆甘蔗联合收获机结构图

1. 扶起装置; 2. 推倒装置; 3. 控制台; 4. 驾驶台; 5. 割台; 6. 机架; 7. 物流排杂装置;
8. 行走机构; 9. 集堆装置

4.2　主要工作部件的设计

周勇等(2010)、王春政(2011)研究表明,钢铁材料的输送滚筒导致的甘蔗表皮损伤较严重。为进一步探讨甘蔗联合收获机排杂问题,根据物流排杂运动理论分析,设计了一种甘蔗收获机物流排杂装置,该装置中上喂入滚筒、输送滚筒和剥叶滚筒的材料为橡胶,杂质分离滚筒的材料为尼龙,避免甘蔗表皮的损伤。

4.2.1 喂入装置

喂入装置是将割台砍切后的甘蔗通过双刀盘旋转和喂入滚筒送入物流排杂装置内,主要由上层喂入滚筒(图 4.2a)、齿轮传动机构、下层喂入滚筒(图 4.2b)等组成。喂入马达将动力传给齿轮传动机构,然后传给上层和下层喂入滚筒。

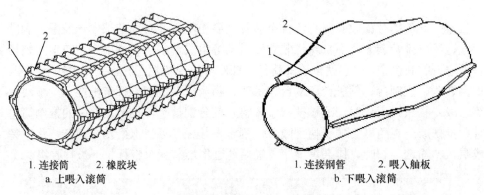

1. 连接筒　2. 橡胶块　　　　　　　1. 连接钢管　2. 喂入舡板
　　a. 上喂入滚筒　　　　　　　　　　　b. 下喂入滚筒

图 4.2　喂入滚筒结构图

上喂入滚筒主要由连接筒(图 4.3a)和橡胶块(图 4.3b)等组成。连接筒由无缝钢管和 6 条平键组成,其长度为 600mm,直径为 219mm。橡胶块的硬度为 100HD,宽度为 40mm,外圆直径为 290mm,上喂入滚筒共由 15 个橡胶块组成。

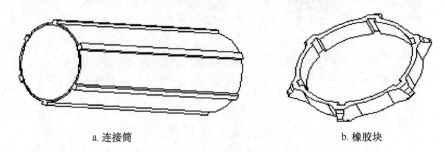

　　　　a. 连接筒　　　　　　　　　　　　b. 橡胶块

图 4.3　上喂入滚筒零件图

下喂入滚筒主要由连接钢管和喂入舡板等组成。喂入舡板形状与双刀盘旋转轨迹一致,使其在旋转喂入过程中与割台衔接间隙适中,在满足要求的情况下,与割台间隙尽量小。上下喂入滚筒垂直中心距为 340mm。

4.2.2　输送装置

输送装置主要由前部输送滚筒、后部输送滚筒、输送传动轴、齿轮链轮传动机构等组成。前部输送滚筒主要由前部上层输送滚筒和前部下层输送滚筒等组成，后部输送滚筒与前部输送滚筒结构相同，输送滚筒结构如图 4.2a 所示。上下输送滚筒齿形啮合如图 4.4 所示。输送滚筒长度为 600mm，外圆直径为 290mm，共由 60 个橡胶块组成。上下滚筒垂直中心距为 290mm。上层液压马达通过输送传动轴与齿轮链轮传动机构将动力传给前部上层输送滚筒、杂质分离上层滚筒、后部上层输送滚筒及风机外圈输送齿条，杂质分离上层滚筒通过齿轮传动机构使其旋转方向与其他滚筒旋转方向相反。下层输送马达将动力传给下层前部输送滚筒，然后通过下层传动机构将动力传给下层风机滚筒的外圈旋转齿条。

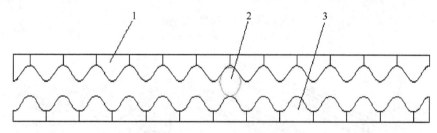

图 4.4　上下输送滚筒齿形啮合图
1. 上层输送滚筒；2. 甘蔗；3. 下层输送滚筒

4.2.3　剥叶装置

剥叶装置由剥叶上、下层滚筒（图 4.5）和剥叶传动轴等组成。剥叶液压马达通过剥叶传动轴将动力传给剥叶上层和下层滚筒。

剥叶上层滚筒主要由剥叶连接筒（图 4.6a）和剥叶橡胶块（图 4.6b）等组成。剥叶连接筒由无缝钢管和 6 条平键组成，其长度为 600mm，直径为 114mm。橡胶块的硬度为 90°，宽度为 40mm，外圆直径为 300mm，上、下剥叶滚筒共由 30 个剥叶橡胶块组成。

剥叶下层滚筒与剥叶上层滚筒结构相同。两个滚筒在径向上交错排布，剥叶上层滚筒的橡胶齿与剥叶下层滚筒的橡胶齿的角度 θ_b 为 30°，如图 4.7 所示。剥叶上层滚筒与剥叶下层滚筒的垂直中心距为 280mm。

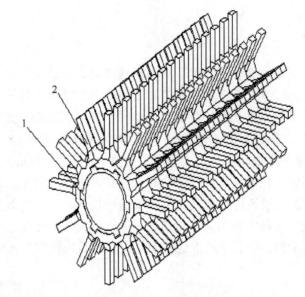

图 4.5　剥叶滚筒结构图
1. 剥叶连接筒；2. 剥叶橡胶块

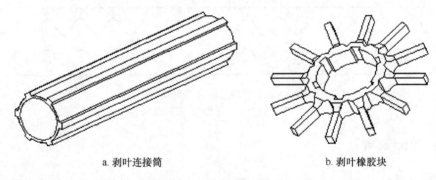

a. 剥叶连接筒　　　　　　　　　　　b. 剥叶橡胶块

图 4.6　剥叶滚筒零件图

4.2.4　风机排杂装置

现有甘蔗收获机的排杂装置主要是轴流风机进行排杂，这种排杂方式收获的甘蔗夹杂物较多。为了解决整秆式甘蔗联合收获机的排杂问题，设计了一种以排杂风机和杂质分离滚筒联合进行排杂的装置，如图 4.8 所示。

风机排杂装置是处于甘蔗收获机后部、用于排出杂质的装置，主要由风机滚筒装置和杂质分离滚筒组成。液压马达带动外圈旋转输送齿条和杂质分离滚筒转动，其转动方向相反，通过齿轮传动装置完成反向旋转。同时，齿轮液压马达通过输出轴带动排杂风机旋转，在风机外圈安装蜗壳罩，使其有足够的风力将蔗叶排出。杂质分离滚筒通过反方向旋转能够将甘蔗收获机前面剥叶装置剥掉的叶子与甘蔗分离开，并通过排杂风机吹出气流和旋转输送齿条、杂质分离滚筒反向旋转产生的气流将蔗叶及杂质排出。

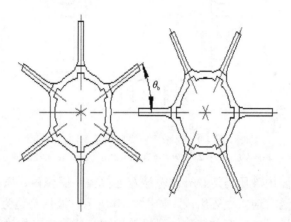

图 4.7 剥叶滚筒橡胶块交错图

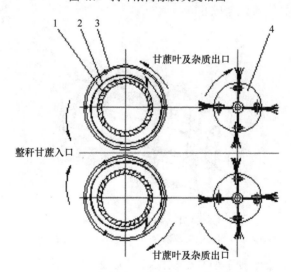

图 4.8 风机排杂装置结构及工作原理图
1. 排杂风机；2. 蜗壳罩；3. 外圈输送齿条；4. 杂质分离滚筒

4.2.4.1 风机滚筒装置

由于轴流风机排杂效果欠佳，本书设计了一种甘蔗收获机排杂风机。排杂风机叶轮在蜗壳导流罩中的进风方式分为径向进风（沿风机轮半径方向，在蜗壳导流罩上开口）和轴向进风（沿风机轮轴线方向，在蜗壳导流罩端盖上开口），如图 4.9 所示。这两种结构除了进风方式不同外，其余参数相同。

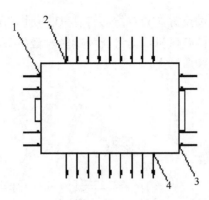

图 4.9　排杂风机进风口示意图

1. 轴向左进风口；2. 径向进风口；3. 轴向右进风口；4. 出风口

排杂风机主要由液压马达、外圈输送左连接板、蜗壳罩、风机叶轮、外圈输送齿条、外圈输送右连接板等组成，如图 4.10 所示。液压马达为风机提供动力，左右连接板支撑风机能够有效工作，风机轮通过高速旋转产生气流，导流罩将叶轮高速旋转产生的气流汇集吹出。

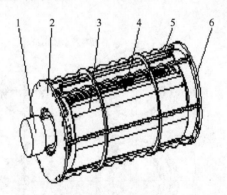

图 4.10　排杂风机结构图

1. 液压马达；2. 外圈输送左连接板；3. 蜗壳罩；4. 风机叶轮；5. 外圈输送齿条；6. 外圈输送右连接板

本排杂风机用于一种中型甘蔗收获机排杂装置中，风机设计参数如图 4.11 所示。其主要参数为叶轮外径 D_2=202mm，叶轮内径 D_1=172mm，叶片数 34，叶片厚度 t=1mm，外周叶片角 β_1=33°，内周叶片角 β_2=90°，叶片圆弧半径 R=16.5mm，进气口角度 θ_1=120°（可调），出气口角度 θ_2=162°，壳体升角 φ=39°，出口高 H_1=40.5mm。

通过几何方法计算获得叶片造型所需的主要参数（罗亮，2007）。

叶片曲率半径 R_k 为

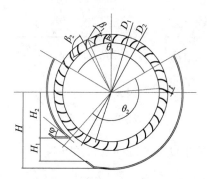

图 4.11　排杂风机设计参数图

D_1. 风机轮内径；D_2. 风机轮外径；t. 叶片厚度；β_1. 外周叶片角；β_2. 内周叶片角；
R. 叶片圆弧半径；θ_1. 进气口角度；θ_2. 出气口角度；φ. 壳体升角；H_1. 出口高度

$$R_k = \frac{\left(\dfrac{D_2}{2}\right)^2 - \left(\dfrac{D_1}{2}\right)^2}{2[\dfrac{D_2}{2}\cos(180^\circ - \beta_1) - \dfrac{D_1}{2}\cos(180^\circ - \beta_2)]} \tag{4.1}$$

式中，D_1 表示风机轮内径，mm；D_2 表示风机轮外径，mm；β_1 表示外周叶片角，$^\circ$；β_2 表示内周叶片角，$^\circ$。

叶片圆弧中心所在的半径 R_0 为

$$R_0 = \sqrt{R_k^2 + \left(\frac{D_2}{2}\right)^2 - 2R_k\frac{D_2}{2}\cos(180^\circ - \beta_1)} \tag{4.2}$$

叶片圆弧所对应的圆心角 φ：

$$\varphi = \varphi_2 - \varphi_1 \tag{4.3}$$

$$\varphi_1 = \arccos\left(\frac{R_k^2 + R_0^2 - \left(\dfrac{D_1}{2}\right)^2}{2R_kR_0}\right), \quad \varphi_2 = \arccos\left(\frac{R_k^2 + R_0^2 - \left(\dfrac{D_2}{2}\right)^2}{2R_kR_0}\right) \tag{4.4}$$

将式（4.4）代入式（4.3）得

$$\varphi = \arccos\left(\frac{R_k^2 + R_0^2 - \left(\dfrac{D_2}{2}\right)^2}{2R_kR_0}\right) - \arccos\left(\frac{R_k^2 + R_0^2 - \left(\dfrac{D_1}{2}\right)^2}{2R_kR_0}\right) \tag{4.5}$$

叶片弦长 l 为

$$l = 2R_k\sin\left(\frac{\varphi}{2}\right) \tag{4.6}$$

叶片中心所在的半径 R_p 为

$$R_p = \sqrt{R_k^2 + R_0^2 - 2R_k R_0 \cos(\varphi_1 + \frac{\varphi}{2})} \qquad (4.7)$$

叶片长度方向与 X 轴之间的夹角 χ 为

$$\chi = 180° - \frac{\varphi}{2} - \beta_2 \qquad (4.8)$$

叶片长度方向与叶轮半径方向之间的夹角 γ 为

$$\gamma = 90° - \frac{\varphi}{2} - (180° - \beta_1) \qquad (4.9)$$

（1）风机叶轮

风机叶轮从市场上购买，安装在物流排杂装置通道中，位于排杂装置外圈输送滚筒内。根据排杂风机的安装位置关系，选取风机叶轮的外圈直径为202mm，内圈直径为172mm，长度为490mm，如图4.12所示。

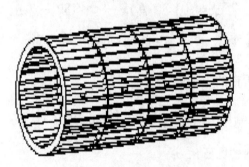

图4.12 风机叶轮结构图

（2）蜗壳罩

蜗壳罩的作用是汇集气流，其轮廓为阿基米德螺旋线。蜗壳罩的进风方式分为轴向（图4.13）和径向（图4.14）两个，其最大外径为287mm，长度为507mm，如图4.15所示。

蜗壳罩通过螺钉连接液压马达的外座，蜗壳罩和液压马达的轴承座皆固定，蜗壳罩的出风口面向蔗叶及杂质出口。通过调整螺钉，可以旋转蜗壳罩，从而调整出风口的角度。

（3）风机输送滚筒

风机外圈输送滚筒主要由2个连接板和6个输送齿条等组成，其作用是输送甘蔗。上层外圈输送滚筒齿条与下层外圈输送滚筒齿条相啮合，齿条可以拆卸以便调整齿条的个数。风机外圈输送滚筒外径为300mm，内径为272mm，长度为600mm，如图4.16所示。

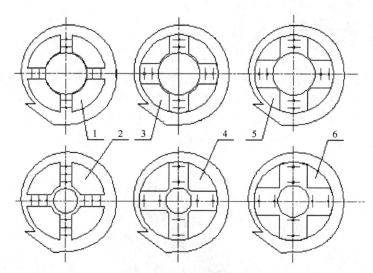

图 4.13　轴向进风口面积示意图

1. 右进风面积 16 475mm²；2. 左进风面积 19 119mm²；3. 右进风面积 12 442mm²；4. 左进风面积 14 043mm²；
5. 右进风面积 8 682mm²；6. 左进风面积 8 898mm²

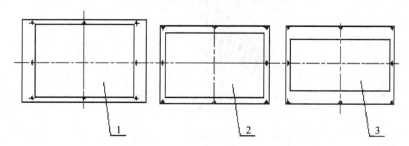

图 4.14　径向进风口面积示意图

1. 进风面积 85 389mm²；2. 进风面积 75 974mm²；3. 进风面积 59 974mm²

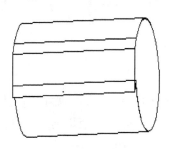

图 4.15　蜗壳罩示意图

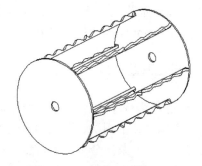

图 4.16　风机输送齿条示意图

4.2.4.2 杂质分离装置

杂质分离滚筒通过反方向旋转能够将剥叶装置剥离的蔗叶与甘蔗分离，并通过贯流风机吹出的气流，以及风机外圈输送滚筒旋转和杂质分离滚筒反向旋转产生的气流将蔗叶及杂质排出。杂质分离滚筒主要由转轴、4 个连接板和 4 个尼龙分离刷等组成，4 个连接板均匀周向排布，每个连接板安装一个分离刷，杂质分离滚筒的旋转外径为 300mm，长度为 600mm，如图 4.17 所示。

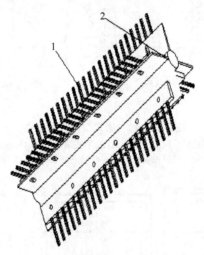

图 4.17　杂质分离滚筒示意图
1. 分离刷；2. 滚筒连接板

4.2.5　机架

根据物流排杂装置在甘蔗联合收获机中的位置关系，设计了机架，如图 4.18 所示。物流排杂装置安装在机架上，与地面水平夹角 θ 为 35°，机架长度为 2572mm，宽度为 1500mm，高度为 1831mm。

4.2.6　液压系统

物流排杂装置试验台液压系统布局简图如图 4.19 所示，其主要由拖拉机、液压泵、大阀块、小阀块、喂入输送装置液压马达、剥叶装置液压马达、风机排杂装置液压马达、杂质分离装置液压马达等组成。

液压系统工作流程为：拖拉机后端动力输出轴转动提供动力给液压泵，使其泵取液压油箱的液压油，将液压油提供给大阀块和小阀块，通过阀块的分配功能将液压油分配给喂入输送装置液压马达、剥叶装置液压马达、风机排杂装置液压

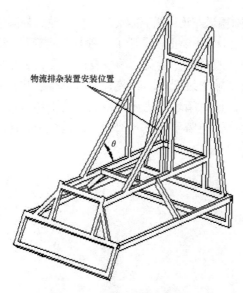

图 4.18　试验台机架示意图

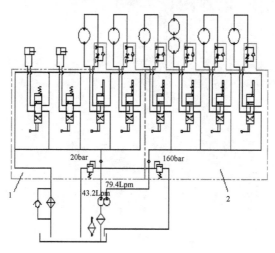

图 4.19　试验台液压系统原理图

1. 小阀块；2. 大阀块

马达、杂质分离装置液压马达，使整个试验台运作。喂入输送装置和杂质分离装置的液压马达型号为 BMP-50，剥叶装置和风机排杂装置的液压马达型号为 GM5-12.5。

4.3　本 章 小 结

1）为进一步探讨甘蔗联合收获机排杂问题，设计了一种甘蔗收获机排杂风机，主要由液压马达、外圈输送左连接板、蜗壳罩、风机轮、外圈输送右连接板等组成。

2）在研究排杂风机的基础上，设计了一种甘蔗收获机物流排杂装置。该装置中喂入、输送滚筒为橡胶材料，避免甘蔗表皮的损伤。甘蔗收获机物流排杂装置主要由喂入装置、前部输送装置、剥叶装置、风机排杂装置、后部输送装置、机架和液压系统等组成。同时阐述了物流排杂装置的工作原理及主要零部件的设计和参数分析，并可根据试验需要调整各部件滚筒垂直中心距、排杂风机出风口角度等参数。

第5章　排杂风机气流场特性分析

5.1　引　　言

罗亮（2007）利用 CFD 软件 FLUENT 对空调用贯流风机进行了三维数值模拟，对计算结果进行了深入的分析和讨论，揭示了贯流风机内部的流动特性。夏利利（2008）利用 FLUENT 软件，对风筛式清选装置清选气流场进行了二维数值模拟，获得了完整直观的清选气流速度分布图，使得对清选气流场的分布有了更全面的了解。翟之平等（2008）应用计算流体力学软件 FLUENT 对 9R-40 型揉碎机叶片式抛送装置内部的三维气流流场进行了数值模拟，并对计算出的出料直管处的气流速度与试验值进行了比较，检验了数值模拟的可靠性。目前，对于甘蔗收获机排杂风机气流场特性的研究还未见报道。

5.2　FLUENT 软件简介

2006 年 5 月，FLUENT 成为全球最大的 CAE 软件公司——ANSYS 大家庭中的重要成员。所有的 FLUENT 软件被集成在 ANSYS Workbench 环境下，共享先进的 ANSYS 公共 CAE 技术。

FLUENT 是 ANSYS CFD 的旗舰产品，是通用的 CFD 软件，用来模拟从不可压缩到高度可压缩范围内的复杂流动。由于采用了多种求解方法和多重网格加速收敛技术，FLUENT 能达到最佳的收敛速度和求解精度。灵活的非结构化网格和基于解算的自适应网格技术及成熟的物理模型，使 FLUENT 在层流、湍流、传热、化学反应、多相流、多孔介质等方面有广泛应用，并被广泛应用于航空航天、旋转机械、航海、石油化工、汽车、能源、计算机/电子、材料、冶金、生物、医药等领域。

FLUENT 软件求解问题的组成部分主要包括前处理软件、求解器、后处理软件。前处理软件的主要功能是创建所要求解模型的几何结构并对几何结构进行网格划分，其主要软件包括 GAMBIT、TGrid、prePDF、GeoMesh 等。求解器是流体计算的核心，其主要功能是导入前处理器生成的网格模型、提供计算的物理模型、确定材料的特性、施加边界条件、完成计算和后处理。后处理软件的主要功能是在进行流体计算后，对流体计算的结果进行后处理。

运用 FLUENT 求解问题的步骤主要有：①决定计算目标。确定通过 FLUENT 需要获得什么样的结果，怎样使用这些结果，需要什么样的模型精度。②选择计算类型。对要模拟的整个物理模型系统进行抽象概括和简化，确定出计算域包括哪些区域，在模型计算域的边界上使用什么样的边界条件，模型按二维还是三维构造，什么样的拓扑结构最适合于该问题。③选择物理模型。在 FLUENT 中每一种具体的物理模型都有具体规定的设置，因此要求我们在计算之前考虑好选择什么样的物理模型，如湍流模型，是稳态还是非稳态，是否考虑有能量的交换，是否考虑可压缩性等。④决定求解过程。确定该问题是否可以利用求解器现有的公式和算法直接求解，是否需要增加其他的参数，是否可以更改一些参数设置加速计算的收敛等。

5.3　排杂风机气流场特性分析

5.3.1　建模条件

流体计算时，常温下的标准大气压为 $1.013\ 25 \times 10^{5}$Pa，密度为 1.205kg/m³，黏度为 1.83×10^{-5}Pa·s，运动黏滞系数为 15.7×10^{-6}m²/s，绝对温度为 293K。对排杂风机气流场进行模拟分析时，风机的转速分别为 1100r/min、1400r/min、1800r/min。

5.3.2　计算模型的选取

由流体力学知识可知，在气体速度较低（远小于音速）的情况下，由于流动过程中的压强和温度变化较小，密度仍可以看作常数，可视为不可压缩气体。因此本分析中的气体为不可压缩气体。

FLUENT 中的计算模型有 Inviscid 模型、Laminar 层流模型、Spalart-Allmaras 单方程湍流模型（S-A 模型）、k-ε 双方程模型（k-ε 模型）、k-ω 双方程模型（k-ω 模型）及 Reynolds 应力模型。

由于在多数工程问题中流体的流动大多处于湍流状态，因此本书对排杂风机进行湍流分析。湍流模型选取标准 k-ε 双方程模型（李进良等，2009），该计算模型是个半经验公式，是从试验现象中总结出来的，具有较高的稳定性、经济性和计算精度，适用范围较广。其基本输运方程为

$$\frac{\partial(\rho k)}{\partial t} + \frac{\partial(\rho k u_i)}{\partial x_i} = \frac{\partial}{\partial x_j}\left[\left(u + \frac{u_i}{\alpha_k}\right)\frac{\partial k}{\partial x_j}\right] + G_k + G_b - \rho\varepsilon - Y_M + S_k \qquad (5.1)$$

$$\frac{\partial(\rho\varepsilon)}{\partial t}+\frac{\partial(\rho\varepsilon u_i)}{\partial x_i}=\frac{\partial}{\partial x_j}\left[\left(u+\frac{u_i}{\alpha_\varepsilon}\right)\frac{\partial\varepsilon}{\partial x_j}\right]+C_{1\varepsilon}\frac{\varepsilon}{k}(G_k+C_{3\varepsilon}G_b)-C_{2\varepsilon}\rho\frac{\varepsilon^2}{k}+S_\varepsilon \quad (5.2)$$

式中，G_k 表示由平均速度梯度引起的湍流能产生项；G_b 表示由浮力引起的湍动能 k 的产生项；Y_M 表示可压缩湍流中脉动扩张的贡献；$C_{1\varepsilon}$、$C_{2\varepsilon}$ 和 $C_{3\varepsilon}$ 表示经验常数；α_k 和 α_ε 表示分别与湍动能 k 和耗散率 ε 对应的 Prandtl 数；S_k 和 S_ε 表示用户定义的源项。

5.3.3　排杂风机网格划分

通过 ANSYS Workbench 对排杂风机二维模型进行网格划分，选取自由网格划分，流动内部流场划分为 19 264 个网格，蜗壳流动区域划分为 8057 个网格，共有 19 255 个结点。排杂风机网格划分如图 5.1 所示。

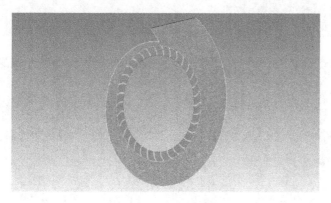

图 5.1　排杂风机二维网格划分示意图

通过 ANSYS Workbench 对排杂风机三维模型进行网格划分，选取自由网格划分，流动内部流场划分为 5141 个网格，共有 1950 个结点。排杂风机三维网格划分如图 5.2 所示。

5.3.4　排杂风机二维气流场分析

5.3.4.1　风机在 1100r/min 时气流场分析

图 5.3 为风机转速在 1100r/min 时，二维流动数值模拟图。图 5.3a～d 分别为排杂风机静压分布、总压分布、速度分布和速度矢量分布。通过风机静压分布图得出，风机由内到外静压逐渐增大，蜗壳与风机出风口拐点处的风机静压最大，其静压值为 198～226Pa。由总压分布图可知，风机内部总压分布比较均匀，风机

叶轮内部总压为负值，由内到外总压逐渐增大，出风口处总压值为 209～254Pa。速度分布图表明，风机叶轮外缘区域的风速最大，蜗壳与风机出风口拐点处的风机风速最小，其值为 5.59～7.83m/s。速度矢量分布图表明，风机风速矢量皆流向风机出风口，在风机出风口区域形成湍流。

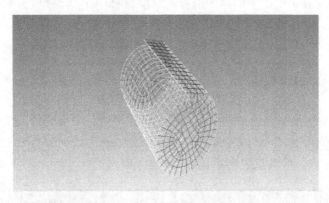

图 5.2　排杂风机三维网格划分示意图

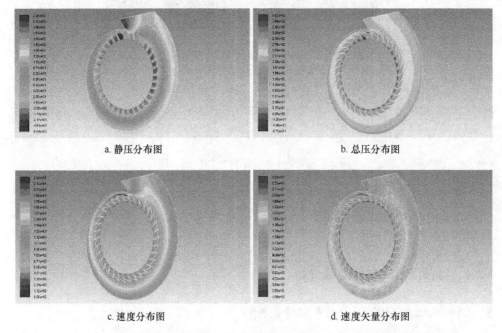

a. 静压分布图　　　　　　　　　　　　　　　b. 总压分布图

c. 速度分布图　　　　　　　　　　　　　　　d. 速度矢量分布图

图 5.3　风机转速在 1100r/min 时二维流动数值模拟图（彩图请扫封底二维码）

图 5.3 表明，风机出风口静压平均值为 151.75Pa，总压平均值为 230.09Pa，风速平均值为 9.51m/s。

5.3.4.2 风机在 1400r/min 时流场变化

图 5.4 为风机转速在 1400r/min 时，二维流动数值模拟图。图 5.4a～d 分别为排杂风机静压分布、总压分布、速度分布和速度矢量分布。通过风机静压分布图得出，风机由内到外静压逐渐增大，蜗壳与风机出风口拐点处的风机静压最大，其静压值为 313～375Pa。由总压分布图可知，风机内部总压分布比较均匀，风机叶轮内部总压为负值，由内到外总压逐渐增大，出风口处总压值为 301～382Pa。速度分布图表明，风机叶轮外缘区域的风速最大，蜗壳与风机出风口拐点处的风机风速最小，其值为 6.49～8.12m/s。速度矢量分布图表明，风机风速矢量皆流向风机出风口，在风机出风口区域形成湍流。

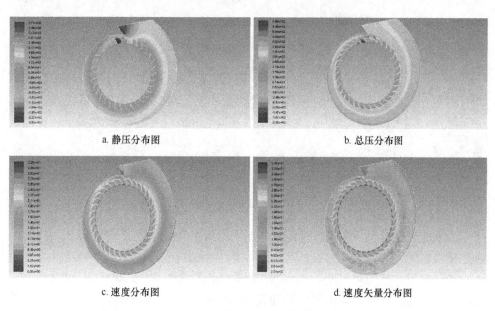

a. 静压分布图 b. 总压分布图

c. 速度分布图 d. 速度矢量分布图

图 5.4 风机转速在 1400r/min 时二维流动数值模拟图（彩图请扫封底二维码）

图 5.4 表明，风机出风口静压平均值为 257.18Pa，总压平均值为 331.31Pa，风速平均值为 10.56m/s。

5.3.4.3 风机在 1800r/min 时流场变化

图 5.5 为风机转速在 1800r/min 时，二维流动数值模拟图。图 5.5a～d 分别为排杂风机静压分布、总压分布、速度分布和速度矢量分布。通过风机静压分布图得出，风机由内到外静压逐渐增大，蜗壳与风机出风口拐点处的风机静压最大，其静压值为 474～595Pa。由总压分布图可知，风机内部总压分布比较均匀，风机叶轮内部总压为负值，由内到外总压逐渐增大，出风口处总压值为 444～647Pa。

速度分布图表明，风机叶轮外缘区域的风速最大，蜗壳与风机出风口拐点处的风机风速最小，其值为 10.7~12.8m/s。速度矢量分布图表明，风机风速矢量皆流向风机出风口，在风机出风口区域形成湍流。

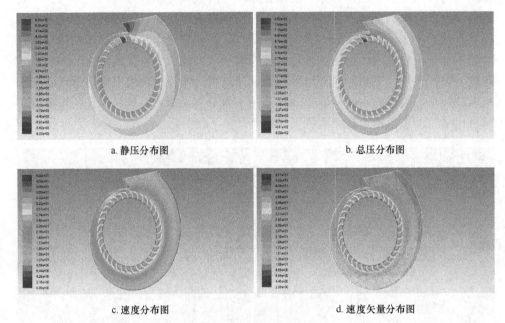

a. 静压分布图　　　　　　　　　　　　b. 总压分布图

c. 速度分布图　　　　　　　　　　　　d. 速度矢量分布图

图 5.5　风机转速在 1800r/min 时二维流动数值模拟图（彩图请扫封底二维码）

图 5.5 表明，风机出风口静压平均值为 379.73Pa，总压平均值为 454.36Pa，风速平均值为 11.77m/s。

排杂风机二维流场试验结果表明，随着风机转速的增大，风机出风口处静压、总压和风速逐渐增大。风机叶轮转速在 1800r/min 时，风机排杂装置具有较好的排杂效果，满足设计要求，见 8.2、8.3 节内容。叶轮转速继续上升导致整机的功耗变大，因此，风机转速在 1800r/min 时，风机性能最佳，其出风口平均值为 11.77m/s。

5.3.5　排杂风机三维气流场分析

根据 5.3.4 节二维流动试验得出的最佳参数，对排杂风机三维模型进行流场分析。观察三维模型的流场变化。

图 5.6 为风机转速在 1800r/min 时，三维流动数值模拟图。图 5.6a~d 分别为排杂风机静压分布、总压分布、速度分布和速度矢量分布。通过风机静压分布图和总压分布图可知，风机出风口处静压和总压变化较大，出风口处静压值为 379~

393Pa，总压值为 37～440Pa。速度分布图表明，风机出风口处风速最大，其值为 8.18m/s。速度矢量分布图表明，风机风速矢量由进风口流向出风口，在风机出风口区域形成湍流。

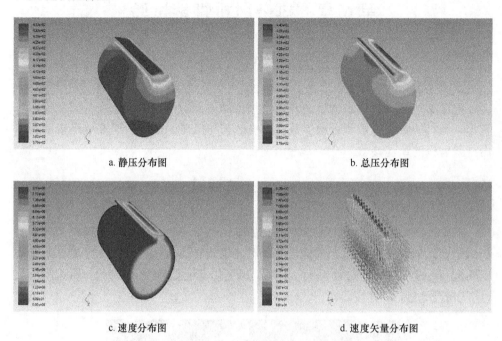

a. 静压分布图　　　　　　　　　　b. 总压分布图

c. 速度分布图　　　　　　　　　　d. 速度矢量分布图

图 5.6　风机转速在 1800r/min 时三维流动数值模拟图（彩图请扫封底二维码）

5.4　本章小结

1）对排杂风机进行了二维流场分析，试验结果表明，随着风机转速的增大，风机出风口处静压、总压和风速逐渐增大。风机在 1800r/min 时，风机性能最佳，风机排杂装置具有较好的排杂效果，满足设计要求，其出风口平均值为 11.77m/s。

2）在二维流场分析得出的最佳参数下，进行了排杂风机三维流场分析。由试验结果可知，三维排杂风机出风口处静压和总压变化较大，风机出风口处风速最大，风机风速矢量由进风口流向出风口，在风机出风口区域形成湍流。

第6章 排杂风机性能试验

6.1 引 言

根据第 5 章排杂风机内气流场数值模拟结果，对排杂风机进行台架试验，研究排杂风机的结构参数和运动参数对风机风速与风压的影响，通过单因素试验得出排杂风机的最佳参数。

6.2 试验设备与试验指标

试验在华南农业大学工程学院机械加工训练中心内进行。试验设备为排杂风机试验台，如图 6.1 所示。其他设备还有光电式转速测试仪（DT2234C，测量范围 2.5～99 999RPM）、数码相机、卷尺、风速仪（读数精度 0.1m/s）、风速风压仪（读数精度 0.1m/s、0.1Pa）。

图 6.1 排杂风机试验台

选取排杂风机出风口长 50mm、150mm、300mm、500mm（图 6.2）的风速及出风口长 50mm 的风压为排杂风机性能试验的指标。

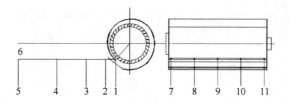

图 6.2　风机出风口风速测量示意图

1. 出风口；2. 距离出风口 50mm；3. 距离出风口 150mm；4. 距离出风口 300mm；5. 距离出风口 500mm；
6. 测量点距离轴心 80mm；7. 测量 1 点；8. 测量 2 点；9. 测量 3 点；10. 测量 4 点；11. 测量 5 点

6.3　试　验　设　计

选择排杂风机转速 n、进风方式 e、进风口面积 s 3 个因素作为试验因素，因素与水平设计见表 6.1，试验指标为出风口距离 50mm、150mm、300mm、500mm 的风速及风压，见 6.2 节。采用单因素试验，在风机出风口选 5 个点（图 6.2），每个点重复 6 次取平均值。

表 6.1　试验各因素与水平表

因素		水平			
n.风机转速/（r/min）		800	1 100	1 400	1 800
e.进风方式		轴向（ei1）		径向（ej1）	
s.进风口面积/mm²	轴向	16 475	12 442	8 682	
		19 119	14 043	8 898	
	径向	85 389	75 974	59 974	

6.4　单因素试验结果与分析

6.4.1　轴向进风口面积单因素试验

选取风机进风方式为轴向进风（ei1），风机叶轮直径为 200mm，排杂风机叶轮的转速依次分别取 800r/min（n1）、1100r/min（n2）、1400r/min（n3）和 1800r/min（n4），选取风机两侧进风口面积为 16 475mm²、19 119mm²（s1）；12 442mm²、14 043mm²（s2）；8682mm²、8898mm²（s3）三个水平进行单因素试验。

轴向进风口面积单因素试验结果如图 6.3、图 6.4 所示。图 6.3 中 X 轴表示测量点，Y 轴表示风机出风口风速平均值。图 6.3a~d 分别是风机转速为 800r/min、1100r/min、1400r/min、1800r/min 时出风口风速平均值。

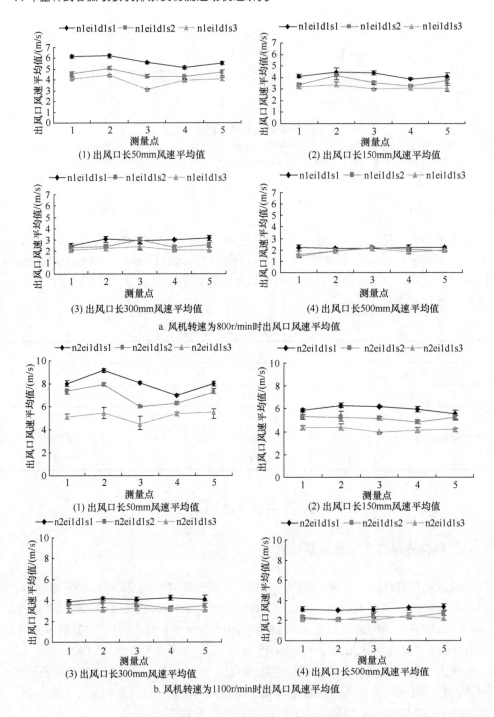

(1) 出风口长50mm风速平均值

(2) 出风口长150mm风速平均值

(3) 出风口长300mm风速平均值

(4) 出风口长500mm风速平均值

a. 风机转速为800r/min时出风口风速平均值

(1) 出风口长50mm风速平均值

(2) 出风口长150mm风速平均值

(3) 出风口长300mm风速平均值

(4) 出风口长500mm风速平均值

b. 风机转速为1100r/min时出风口风速平均值

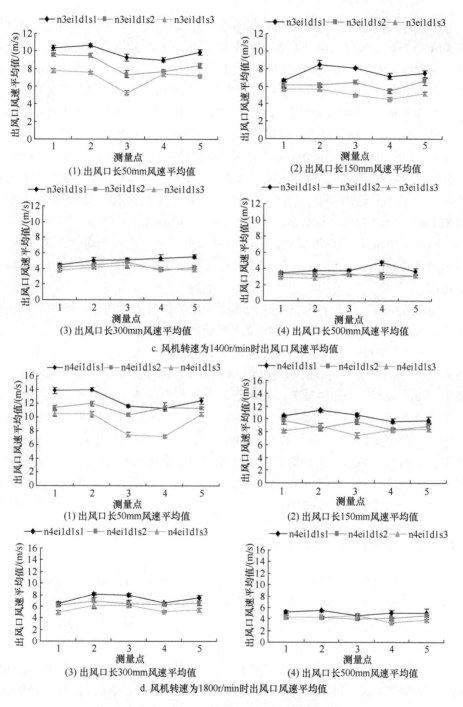

图 6.3　轴向进风、面积单因素试验结果图（风速）

由图 6.3 得出，随着风机转速的增高，出风口风速平均值逐渐增大，转速在 1800r/min 时，出风口风速平均值达到最大值。在出风口距离为 50mm 时，其出风口风速平均值最大。风机两侧进风口面积分别为 16 475mm^2、19 119mm^2 时，出风口风速平均值最大，如图 6.3 各分图中最上面曲线所示。风机两侧进风口面积分别为 8682mm^2、8898mm^2 时，出风口风速平均值最小，如图 6.3 各分图中最下面曲线所示。试验结果表明，在相同转速下，进风口面积越大，出风口风速平均值越大。当风机转速为 1800r/min、进风口面积分别为 16 475mm^2、19 119mm^2，风机出风口距离为 50mm 时，出风口风速平均值最大，风机排杂装置具有较好的排杂效果，满足设计要求（见 8.2、8.3 节内容）。5 个测量点的风速平均值依次为 13.867m/s、14.000m/s、11.633m/s、11.333m/s、12.383m/s。

图 6.4 中 X 轴表示测量点，Y 轴表示风机出风口风压平均值。图 6.4a～d 分别是风机转速为 800r/min、1100r/min、1400r/min、1800r/min 时出风口风压平均值。

由图 6.4 可知，随着风机转速的增高，出风口风压平均值逐渐增大，转速在 1800r/min 时，出风口风压平均值达到最大值。风机两侧进风口面积分别为 16 475mm^2、19 119mm^2 时，出风口风压平均值最大，如图 6.4 各分图中最上面曲线所示。风机两侧进风口面积分别为 8682mm^2、8898mm^2 时，出风口风压平均值最小，如图 6.4 各分图中最下面曲线所示。在相同转速下，进风口面积越大，出风口风压平均值越大。如图 6.4a～d 所示，风机出风口动压和全压变化趋势一致。试验结果表明，当风机转速为 1800r/min、进风口面积分别为 16 475mm^2、19 119mm^2 时，出风口风压平均值最大。5 个测量点的动压平均值依次为 301.83Pa、274.00Pa、215.67Pa、171.83Pa、244.17Pa，全压平均值依次为 286.50Pa、221.17Pa、195.67Pa、162.83Pa、205.67Pa。

6.4.2 径向进风口面积单因素试验

选取进风口方式为径向（e_{j1}），风机叶轮直径 d_1 为 200mm，排杂风机叶轮的转速依次分别取 800r/min（n1）、1100r/min（n2）、1400r/min（n3）和 1800r/min（n4），选取径向进风口面积为 85 389mm^2（s1）、75 974mm^2（s2）、59 974mm^2（s3）三个水平进行单因素试验。

径向进风口面积单因素试验结果如图 6.5、图 6.6 所示。图 6.5 中 X 轴表示测量点，Y 轴表示风机出口风速平均值。图 6.5a～d 分别是风机转速为 800r/min、1100r/min、1400r/min、1800r/min 时出风口风速平均值。

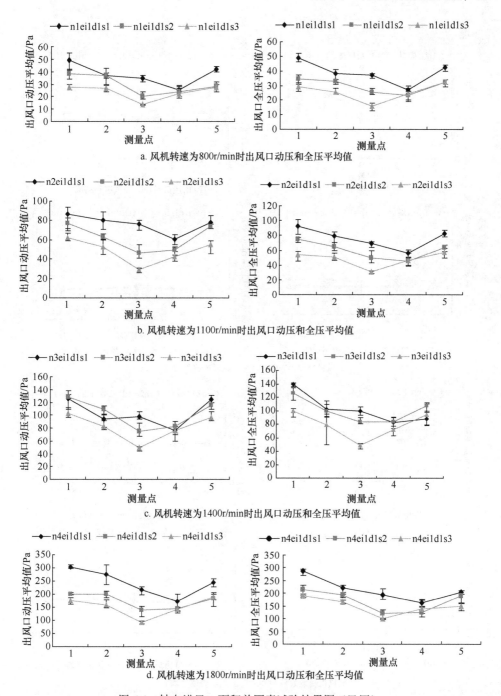

a. 风机转速为800r/min时出风口动压和全压平均值

b. 风机转速为1100r/min时出风口动压和全压平均值

c. 风机转速为1400r/min时出风口动压和全压平均值

d. 风机转速为1800r/min时出风口动压和全压平均值

图6.4　轴向进风、面积单因素试验结果图（风压）

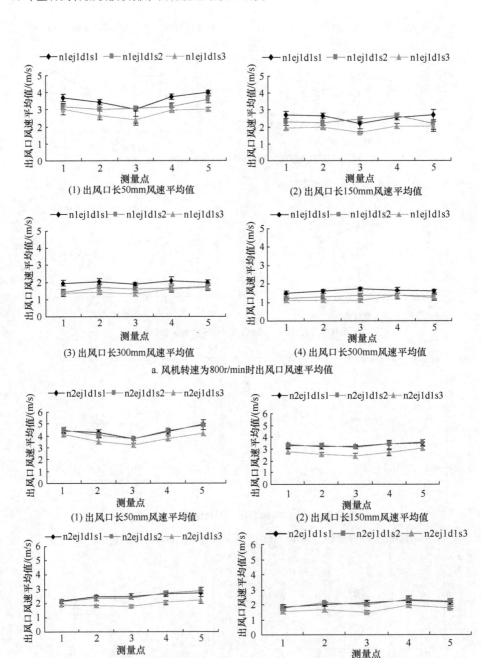

a. 风机转速为800r/min时出风口风速平均值

b. 风机转速为1100r/min时出风口风速平均值

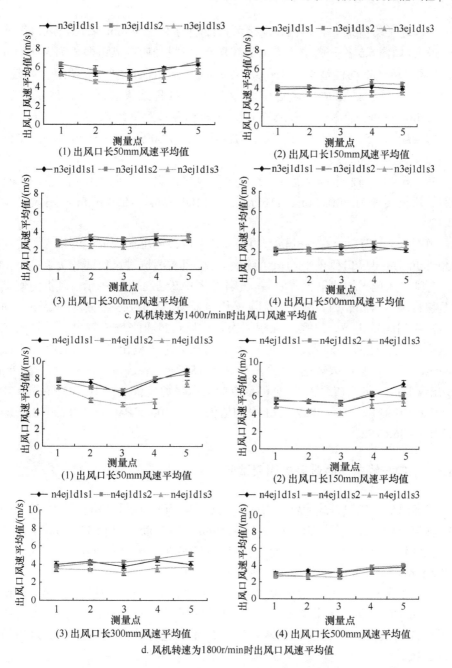

图 6.5　径向进风、面积单因素试验结果图（风速）

由图 6.5 得出，随着风机转速的增高，出风口风速平均值逐渐增大，转速在 1800r/min 时，出风口风速平均值达到最大值。风机在出风口距离为 50mm 时，出风口风速平均值最大。风机径向进风口面积为 85 389mm^2 时,出风口风速平均值最大,如图 6.5 各分图中最上面曲线所示。风机径向进风口面积为 59 974mm^2 时,出风口风速平均值最小,如图 6.5 各分图中最下面曲线所示。在相同转速下,进风口面积越大,出风口风速平均值越大。试验结果表明,在风机转速为 1800r/min、进风面积为 85 389mm^2,风机出风口距离为 50mm 时,出风口风速平均值最大。5 个测量点的风速平均值依次为 7.800m/s、7.550m/s、6.167m/s、7.750m/s、8.917m/s。

图 6.6 中 X 轴表示测量点,Y 轴表示风机出风口风压平均值。图 6.6a~d 分别是风机转速为 800r/min、1100r/min、1400r/min、1800r/min 时出风口风压平均值。

由图 6.6 可得,随着风机转速的增高,出风口风压平均值逐渐增大,转速在 1800r/min 时,出风口风压平均值达到最大值。风机两侧进风口面积为 85 389mm^2 时,出风口风压平均值最大,如图 6.6 各分图中最上面曲线所示。风机两侧进风口面积为 59 974mm^2 时,出风口风压平均值最小,如图 6.6 各分图中最下面曲线所示。在相同转速下,进风口面积越大,出风口风压平均值越大。风机出风口动压和全压变化趋势一致,风机出风口动压值比风机出风口全压值大,如图 6.6a~d 所示。试验结果表明,在风机转速为 1800r/min、进风面积为 85 389mm^2 时,出风口风压平均值最大。5 个测量点的动压平均值依次为 107.67Pa、91.67Pa、90.33Pa、91.17Pa、87.67Pa,全压平均值依次为 106.33Pa、86.67Pa、73.00Pa、75.33Pa、86.67Pa。

6.4.3 轴向与径向同时进风单因素试验

选取风机进风口方式为轴向(ei1)与径向(ej),风机叶轮直径为 200mm,风机轴向与径向进风口面积分别为 16 475mm^2、19 119mm^2 和 85 389mm^2,选取排杂风机叶轮的转速分别为 800r/min(n1)、1100r/min(n2)、1400r/min(n3)和 1800r/min(n4)4 个水平进行单因素试验。

通过轴向和径向单因素试验可知,轴向进风口面积分别为 16 475mm^2、19 119mm^2 时,风速平均值最大;径向进风面积为 85 389mm^2 时,风速和风压平均值均最大。因此选择这两种进风口面积进行单因素试验,轴向和径向同时进风。

轴向和径向同时进风、面积单因素试验结果如图 6.7、图 6.8 所示。图 6.7 中 X 轴表示测量点,Y 轴表示风机出口风速平均值。图 6.7 是风机转速为 800r/min、1100r/min、1400r/min、1800r/min 时出风口风速平均值。

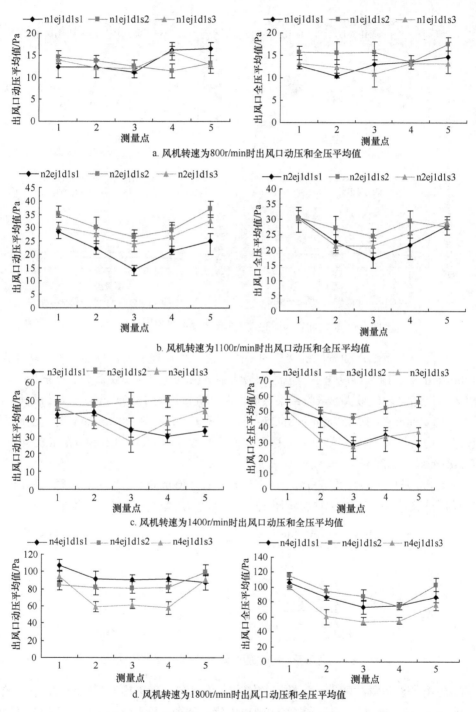

图 6.6　径向进风、面积单因素试验结果图（风压）

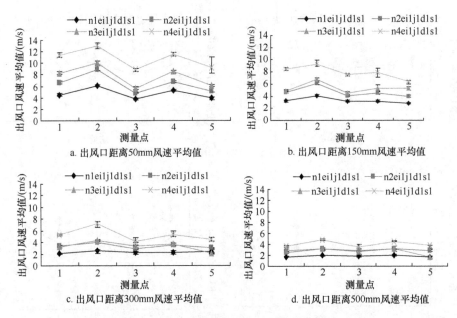

图 6.7　轴向和径向同时进风单因素试验结果图（风速）

由图 6.7 可知，随着风机转速的增高，出风口风速平均值逐渐增大，转速在 1800r/min 时，出风口风速平均值达到最大值。风机在出风口距离为 50mm 时，其出风口风速平均值最大。试验结果表明，在风机转速为 1800r/min、进风口面积分别为 16 475mm²、19 119mm²；85 389mm²、风机出风口距离为 50mm 时，出风口风速平均值最大。5 个测量点的风速平均值依次为 11.433m/s、12.950m/s、8.833m/s、11.483m/s、9.300m/s。

图 6.8 是风机转速为 800r/min、1100r/min、1400r/min、1800r/min 时风机出风口风压试验结果。其中 X 轴表示测量点，Y 轴表示风机出口风压平均值。

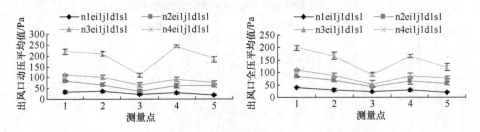

图 6.8　轴向和径向同时进风单因素试验结果图（风压）

由图 6.8 可得，随着风机转速的增高，出风口风压平均值逐渐增大，转速在 1800r/min 时，出风口风压平均值达到最大值。如图 6.8 所示，风机出风口动压和全压变化趋势一致，风机出风口动压值比风机出风口全压值大。试验结果表明，在风机转速为 1800r/min 时，出风口风压平均值最大。5 个测量点的动压平均值依次为 221.33Pa、209.67Pa、110.50Pa、243.17Pa、187.17Pa，全压平均值依次为 201.17Pa、165.17Pa、91.67Pa、165.00Pa、121.67Pa。

6.5　本章小结

1）随着排杂风机转速的增高，出风口风速和风压平均值逐渐增大。随着出风口距离逐渐增大，出风口风速和风压平均值越来越小。在相同转速下，风机进风口面积越大，出风口风速和风压平均值越大。

2）风机最佳性能参数：风机转速为 1800r/min，进风口方式为轴向进风，面积分别为 16 475mm^2、19 119mm^2，风机出风口距离为 50mm，此时出风口风速和风压平均值最大，风机排杂装置具有较好的排杂效果，满足设计要求。

3）在最佳性能参数下，5 个测量点的最佳风速平均值依次为 13.867m/s、14.000m/s、11.633m/s、11.333m/s、12.383m/s；最佳动压平均值依次为 301.83Pa、274.00Pa、215.67Pa、171.83Pa、244.17Pa，最佳全压平均值依次为 286.50Pa、221.17Pa、195.67Pa、162.83Pa、205.67Pa。

4）试验结果表明，轴向进风的出风口风速、风压比径向进风的出风口风速、风压大。风机出风口动压和全压变化趋势一致，风机出风口动压值比风机出风口全压值大。

第7章 物流排杂装置的虚拟样机技术研究

7.1 引　言

本书中虚拟样机研究主要包括物流排杂装置各部件刚性体研究、整个物流过程的刚性体研究、各部件柔性体研究等。首先通过预试验确定虚拟试验所需的参数，对物流排杂装置各部件进行刚性体研究；然后在预试验得出的排杂效果较好的最佳参数下，对物流排杂装置各部件进行柔性体研究，分析甘蔗柔性体的运动规律；最后对整个物流过程进行刚性体研究。

7.2　物流排杂装置预试验

7.2.1　试验安排

为了确定虚拟试验所需的参数和物流排杂装置试验所需的试验因素与试验水平，先做预试验。选取风机出风口角度 A（图 7.1）、喂入输送滚筒转速 B、剥叶滚筒转速 C 和滚筒间距 D（上、下滚筒轴心垂直距离）4 个因素作为试验因素，试验因素与水平设计见表 7.1。试验指标为排杂率、含杂率，见 8.2.3 节。采用单因素试验，每次试验喂入单根甘蔗，每次试验喂入 5 根，每个水平重复 3 次，取平均值。

7.2.2　剥叶滚筒转速单因素预试验

选取喂入输送滚筒转速为 300r/min，出风口角度为 105°，风机滚筒转速为 1800r/min，各对滚筒间距为 340mm、310mm、280mm、300mm、280mm、310mm，选取剥叶滚筒转速 900r/min（C1）、1100r/min（C2）、1300r/min（C3）三个水平进行单因素试验。试验结果如表 7.2 所示。

表 7.2 为剥叶滚筒转速单因素预试验结果，从中可知，剥叶滚筒转速为 1300r/min 时，排杂率最高、含杂率最低，其值分别为 80.07%、1.20%。

7.2.3 出风口角度单因素试验

选取喂入输送滚筒转速为 300r/min，剥叶滚筒转速为 1300r/min，风机滚筒转速为 1800r/min，各对滚筒间距为 340mm、310mm、280mm、300mm、280mm、310mm，选取出风口角度 105°（A1）、115°（A2）、125°（A3）三个水平进行单因素试验。试验结果如表 7.3 所示。

表 7.3 为出风口角度单因素预试验结果，从中可知，风机出风口角度为 105° 时，排杂率最高，其值为 95.18%，各水平含杂率皆小于 1.90%。

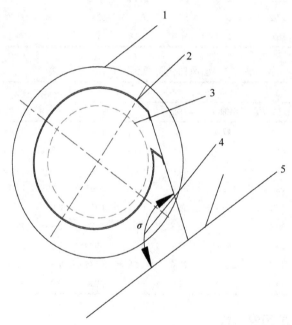

图 7.1 风机出风口角度示意图

1. 外圈输送滚筒；2. 蜗壳罩；3. 风机轮；4. 风机出风口测量角 σ；5. 排杂装置侧板底边

表 7.1 单因素试验水平表

因素	水平		
A.风机出风口角度/（°）	105	115	125
B.喂入输送滚筒转速/（r/min）	100		200
C.剥叶滚筒转速/（r/min）	900	1100	1300
D.滚筒间距/mm	340，310	350，320	360，330
	280，300	290，310	300，320
	280，310	290，320	300，330

表 7.2　剥叶滚筒转速单因素预试验结果表

组合	1	2	3	4	5	含杂率/%	排杂率/%	含杂率平均值/%	排杂率平均值/%
	前部/g	上部缠绕/g	中部/g	后部/g	甘蔗/g				
	266.6	40.6	198.3	135.0	93.0	7210	1.17	78.92		
C1	93.2	18.8	81.6	104.2	86.0	6910	1.18	65.01	1.51	71.78
	163.4	54.8	73.2	116.6	109.4	4470	2.19	71.42		
	54.0	22.8	46.2	78.4	52.4	4590	1.08	61.07		
C2	145.0	138.0	275.8	155.0	241.6	7900	2.73	78.29	1.50	70.44
	197.2	41.6	117.4	138.8	40.2	5150	0.71	71.96		
	103.6	12.0	113.8	60.2	111.8	6965	1.79	79.21		
C3	50.2	97.2	106.4	56.6	61.4	6230	0.93	81.76	1.20	80.07
	67.0	38.6	111.2	56.8	57.8	6170	0.89	79.24		

表 7.3　出风口角度单因素预试验结果表

组合	1	2	3	4	5	含杂率/%	排杂率/%	含杂率平均值/%	排杂率平均值/%
	前部/g	上部缠绕/g	中部/g	后部/g	甘蔗/g				
	160.6	10.0	147.6	18.6	35.4	6545	0.51	94.48		
A1	211.0	84.2	144.6	19.6	131.4	6520	1.85	95.73	1.85	95.18
	127.4	51.4	127.4	15.0	206.4	5965	3.18	95.33		
	103.6	12.0	113.8	60.2	111.8	6965	1.79	79.21		
A2	50.2	97.2	106.4	56.6	61.4	6230	0.93	81.77	1.20	80.07
	67.0	38.6	111.2	56.8	57.8	6170	0.89	79.24		
	74.4	34.0	98.8	42.4	33.6	5670	0.56	83.01		
A3	107.2	49.2	210.4	27.6	84.8	5135	1.51	93.00	1.02	89.86
	87.4	33.4	196.4	21.8	60.8	5790	0.98	93.57		

7.2.4　滚筒间距单因素试验

选取喂入输送滚筒转速为 300r/min，剥叶滚筒转速为 1300r/min，出风口角度为 105°，风机滚筒转速为 1800r/min，选取各对滚筒间距为 340mm、310mm、280mm、300mm、280mm、310mm（B1）；350mm、320mm、290mm、310mm、290mm、320mm（B2）；360mm、330mm、300mm、330mm、300mm、330mm（B3）三个水平进行单因素试验。试验结果如表 7.4 所示。

表 7.4 为各对滚筒间距单因素预试验结果，从中可知，各水平排杂率皆大于 95.00%，含杂率皆小于 1.90%。各对滚筒间距为 350mm、320mm、290mm、310mm、290mm、320mm 时，排杂率最高，含杂率最低，其值分别为 96.27%、1.01%。

表 7.4　滚筒间距单因素预试验结果表

组合	1	2	3	4	5		含杂率 /%	排杂率 /%	含杂率 平均值 /%	排杂率 平均值 /%
	前部/g	上部缠绕/g	中部/g	后部/g	甘蔗/g					
B1	160.6	10.0	147.6	18.6	35.4	6545	0.51	94.48		
	211.0	84.2	144.6	19.6	131.4	6520	1.85	95.73	1.85	95.18
	127.4	51.4	127.4	15.0	206.4	5965	3.18	95.33		
B2	76.4	30.6	226.4	12.0	52.6	6000	0.82	96.53		
	87.8	70.2	181.6	11.6	82.6	5570	1.37	96.69	1.01	96.27
	78.2	28.2	222.6	15.2	53.8	6100	0.83	95.58		
B3	142.6	39.4	134.4	18.2	140.0	6485	2.01	94.56		
	110.0	22.6	122.0	7.6	23.0	5010	0.43	97.10	1.43	96.09
	55.6	21.0	83.6	5.6	82.2	4209	1.84	96.62		

7.2.5　喂入输送滚筒转速单因素试验

选取出风口角度为 105°，剥叶滚筒转速为 1300r/min，风机滚筒转速为 1800r/min，各对滚筒间距为 340mm、310mm、280mm、300mm、280mm、310mm，选取喂入输送滚筒转速为 100r/min（D1）、200r/min（D2）两个水平进行单因素试验。试验结果如表 7.5 所示。

表 7.5　喂入输送滚筒转速单因素预试验结果表

组合	1	2	3	4	5		含杂率 /%	排杂率 /%	含杂率 平均值 /%	排杂率 平均值 /%
	前部/g	上部缠绕/g	中部/g	后部/g	甘蔗/g					
D1	76.4	30.6	226.4	12.0	52.6	6000	0.82	96.52		
	87.8	70.2	181.6	11.6	82.6	5570	1.37	96.69	1.01	96.26
	78.2	28.2	222.6	15.2	53.8	6100	0.83	95.58		
D2	76.8	101.2	62.4	130.0	80.6	5190	1.43	64.90		
	178.2	71.4	112.0	124.0	71.0	4520	1.40	74.46	1.09	68.38
	117.0	60.6	72.4	130.0	27.0	5670	0.44	65.79		

表 7.5 为各对滚筒间距单因素预试验结果，从中可知，喂入输送转速为 200r/min 时，排杂率最高，含杂率最低，其值分别为 96.26%、1.01%。

预试验表明：喂入输送转速为 100r/min，剥叶滚筒转速为 1300r/min，风机出风口角度为 105°，各对滚筒间距为 350mm、320mm、290mm、310mm、290mm、320mm 时，排杂率最高，含杂率最低，排杂效果最佳。通过预试验结果，确定了正交试验的试验因素与试验水平，为正式试验提供了试验依据。

7.3 物流排杂装置各部件刚性体虚拟试验

物流排杂装置虚拟样机主要由喂入装置、输送装置、剥叶装置、风机外圈输送装置、杂质分离装置等组成。分别对每个组成部分进行虚拟单因素试验，观察甘蔗在物流排杂装置中的运动情况，通过虚拟试验测得各部件的扭矩，各部件与甘蔗接触时相互作用力，为试验台台架试验提供理论基础。

7.3.1 虚拟样机建模

本书采用虚拟设计软件 ADAMS 进行样机设计，ADAMS/VIEW 的设计流程如图 7.2 所示（Sortware，2004）。

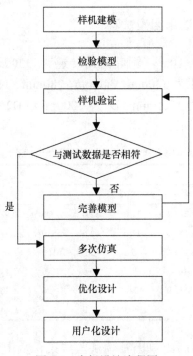

图 7.2 虚拟设计流程图

7.3.1.1 建模假设条件

由于在物流排杂过程中主要研究的是甘蔗的物流运动问题，因此忽略甘蔗本身因受力而变形的情况。在建立甘蔗与物流排杂装置运动学虚拟样机模型时采用以下几个假设条件。

1）甘蔗作为刚性体进行建模，忽略甘蔗自身变形。

2）甘蔗模型为通直匀质的等截面圆柱体。

3）物流排杂装置中各部件均作为刚性体进行建模，忽略各部件的自身变形。

7.3.1.2　添加约束和驱动

（1）添加约束

为了能够尽可能准确地模拟物流排杂装置的运动情况，要对甘蔗与物流排杂装置模型各个组件之间添加运动约束。约束用来定义零件连接方式及零件之间的相对运动。ADAMS/VIEW 提供了一个约束库，以下是甘蔗与物流排杂装置模型中采用的几种约束。

1）转动副

在物流排杂装置虚拟样机模型中，喂入装置、输送装置、剥叶装置、风机外圈输送装置、杂质分离装置中各对滚筒均施加转动副以实现其转动。转动副约束两个构件的 2 个转动和 3 个移动自由度，两构件之间只有 1 个转动自由度。

2）固定副

在物流排杂装置各部件中，从动件与主动件之间施加固定副，以实现共同旋转运动。固定副是将两个构件固定在一起，两个构件之间没有任何的相对运动。

（2）在刚性体部件中施加驱动和载荷

在研究中，甘蔗被砍切后随着双刀盘的旋转进入到喂入滚筒的通道中，此时针对喂入滚筒、输送滚筒、剥叶滚筒、风机外圈输送滚筒、杂质分离滚筒施加转动驱动，对上喂入橡胶滚筒与甘蔗、输送橡胶滚筒与甘蔗、剥叶橡胶滚筒与甘蔗施加接触力，如图 7.3a 所示，对下喂入钢材滚筒与甘蔗、对风机外圈钢材滚筒与甘蔗施加接触力，如图 7.3b 所示。喂入滚筒能够将前面喂入的甘蔗均匀分布在通道中，并通过前部输送滚筒向后输送，此时由于前部输送滚筒比剥叶滚筒的转速小很多，并且可浮动前部输送滚筒与甘蔗产生较大的作用力，而甘蔗与可浮动风机输送滚筒的作用力也较大，甘蔗能够停留足够长的时间，从而被剥叶滚筒剥叶。对杂质分离尼龙滚筒与甘蔗施加接触力，如图 7.3c 所示，然后通过排杂风机排杂装置将前面剥掉的叶子经物流排杂装置通道的下部和上部排出，最后通过后部输送滚筒将甘蔗输出，从而便于后面的集堆。

7.3.2　试验材料、设备和方法

采用虚拟样机技术研究甘蔗在物流排杂装置中运动情况。试验材料是甘蔗虚拟模型，试验设备是物流排杂装置虚拟样机。虚拟样机技术的关键是对物流排杂装置和甘蔗进行虚拟建模。设置物流排杂装置中橡胶虚拟模型参数（图 7.4）、尼龙虚拟模型参数（图 7.5）、甘蔗虚拟模型参数（图 7.6）、钢材虚拟模型参数（图 7.7）。

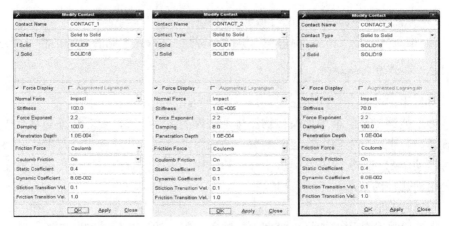

a 橡胶滚筒与甘蔗接触　　　　b 钢材滚筒与甘蔗接触　　　　c 尼龙滚筒与甘蔗接触

图 7.3　滚筒与甘蔗接触参数图

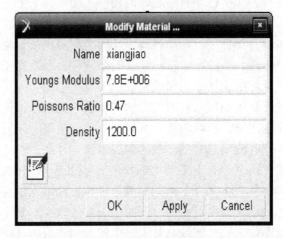

图 7.4　橡胶虚拟模型参数

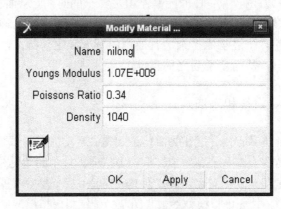

图 7.5　尼龙虚拟模型参数

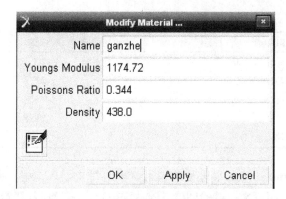

图 7.6　甘蔗虚拟模型参数

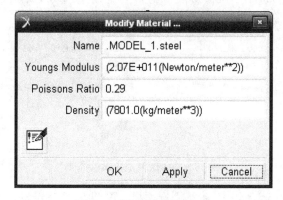

图 7.7　钢材虚拟模型参数

7.3.3　虚拟试验设计

选取喂入滚筒转速 A、输送滚筒转速 B、剥叶滚筒转速 C、风机外圈滚筒转速 D、杂质分离滚筒转速 E 5 个因素作为试验因素，因素与水平设计如表 7.6 所示。上、下喂入滚筒轴心垂直距离为 340mm，上、下输送滚筒轴心垂直距离为 310mm，上、下剥叶滚筒轴心垂直距离为 280mm，上、下风机外圈滚筒轴心垂直距离为 300mm，上、下杂质分离滚筒轴心垂直距离为 280mm。以甘蔗在物流排杂中的运动速度，各部件与甘蔗之间的作用力和各部件的扭矩为试验指标进行虚拟试验。

7.3.4　各部件刚性体虚拟试验结果与分析

7.3.4.1　喂入装置

选取上、下喂入滚筒轴心垂直距离为 340mm，喂入滚筒转速为 100r/min、

表 7.6　试验各因素与水平表

因素		水平	
A. 喂入滚筒转速/（r/min）	100	200	300
B. 输送滚筒转速/（r/min）	100	200	300
C. 剥叶滚筒转速/（r/min）	900	1100	1300
D. 风机外圈滚筒转速/（r/min）	100	200	300
E. 杂质分离滚筒转速/（r/min）	−100	−200	−300

200r/min、300r/min 三个水平进行单因素试验，每次喂入 1 根甘蔗。

　　图 7.8 为喂入滚筒虚拟试验图像（以甘蔗被喂入滚筒喂入开始记为 t=0.0000s）。甘蔗开始被喂入滚筒喂入（0.0000s），之后甘蔗发生跳动（0.1750s），并且在运动过程中产生滑动和滚动。

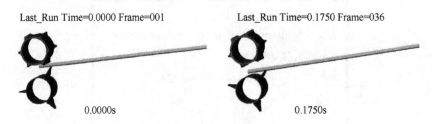

Last_Run Time=0.0000 Frame=001　　　　　　Last_Run Time=0.1750 Frame=036

0.0000s　　　　　　　　　　　0.1750s

图 7.8　喂入滚筒虚拟试验图像

　　图 7.9 为甘蔗运动情况虚拟试验结果。X 轴为甘蔗运动时间，Y 轴为甘蔗在 X、Y、Z 三个方向的速度，甘蔗坐标系如图 7.10 所示。甘蔗在 x、y、z 三个方向的速度都有变化，说明甘蔗在喂入过程中产生跳动、滑动和滚动。当喂入滚筒转速为 100r/min 时，甘蔗最大运动速度为 0.50m/s，当喂入滚筒转速为 200r/min 时，甘蔗最大运动速度为 0.67m/s，当喂入滚筒转速为 300r/min 时，甘蔗最大运动速度为 0.62m/s。虚拟试验表明，由于甘蔗在喂入过程中发生跳动、滑动和滚动，随着喂入滚筒转速逐渐增加，甘蔗在喂入过程中的运动速度不是逐渐增大。

　　图 7.11 为上喂入滚筒与甘蔗作用力虚拟试验结果。X 轴为甘蔗运动时间，Y 轴为在 x、y、z 三个方向的作用力，甘蔗坐标系如图 7.10 所示。甘蔗在 x、y、z 三个方向的作用力都有变化，当喂入滚筒转速为 100r/min 时，上喂入滚筒与甘蔗作用力为 71.85N，当喂入滚筒转速为 200r/min 时，上喂入滚筒与甘蔗作用力为 143.70N，当喂入滚筒转速为 300r/min 时，上喂入滚筒与甘蔗作用力为 215.55N。虚拟试验表明，随着喂入滚筒转速逐渐增加，上喂入滚筒与甘蔗作用力逐渐增大。

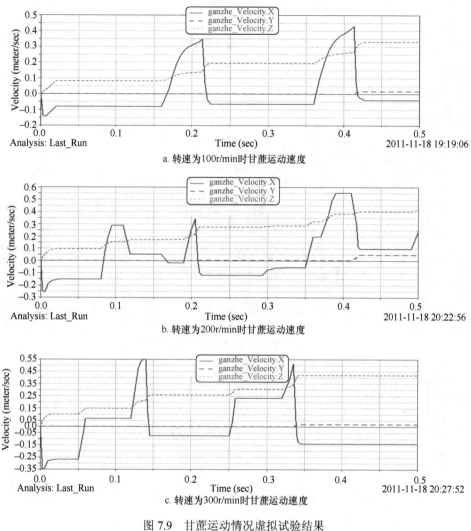

a. 转速为100r/min时甘蔗运动速度

b. 转速为200r/min时甘蔗运动速度

c. 转速为300r/min时甘蔗运动速度

图 7.9　甘蔗运动情况虚拟试验结果

图 7.10　甘蔗坐标系示意图

　　图 7.12 为下喂入滚筒与甘蔗作用力虚拟试验结果。X 轴为甘蔗运动时间，Y 轴为在 x、y、z 三个方向的作用力，甘蔗坐标系如图 7.10 所示。甘蔗在 x、y、z 三个方向受到的作用力都有变化，当喂入滚筒转速为 100r/min 时，下喂入滚筒与甘蔗作用力为 15.57N，当喂入滚筒转速为 200r/min 时，下喂入滚筒与甘蔗作用力

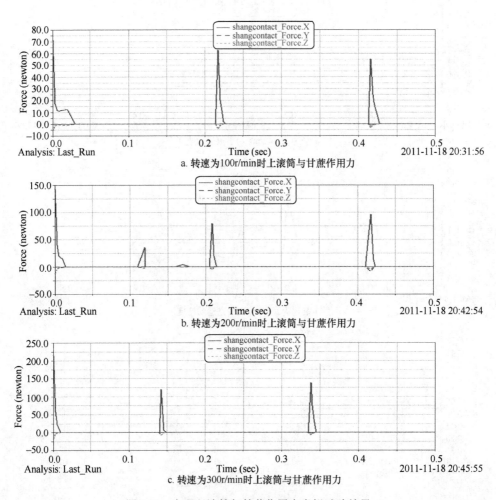

图 7.11　上喂入滚筒与甘蔗作用力虚拟试验结果

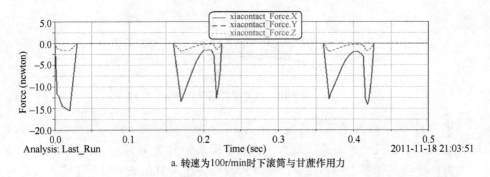

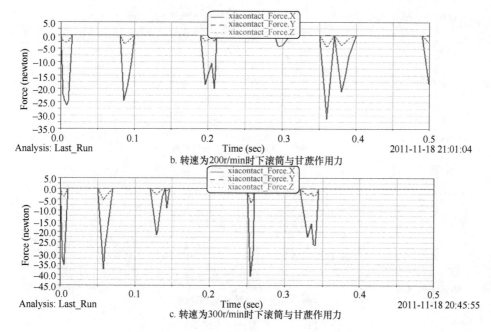

图 7.12　下喂入滚筒与甘蔗作用力虚拟试验结果

为 31.65N，当喂入滚筒转速为 300r/min 时，下喂入滚筒与甘蔗作用力为 41.17N。虚拟试验表明，随着喂入滚筒转速逐渐增加，下喂入滚筒与甘蔗作用力逐渐增大。

图 7.13 为喂入滚筒扭矩虚拟试验结果。X 轴为甘蔗运动时间，Y 轴为喂入滚筒扭矩值，甘蔗坐标系如图 7.10 所示。当喂入滚筒转速为 100r/min 时，上喂入滚筒扭矩为 5.63N·m、下喂入滚筒扭矩为 2.13N·m，当喂入滚筒转速为 200r/min 时，上喂入滚筒扭矩为 11.26N·m、下喂入滚筒扭矩为 6.75N·m，当喂入滚筒转速为 300r/min 时，上喂入滚筒扭矩为 16.89N·m、下喂入滚筒扭矩为 6.77N·m。虚拟试验表明，随着喂入滚筒转速逐渐增加，喂入滚筒扭矩逐渐增大。

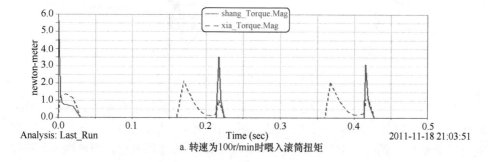

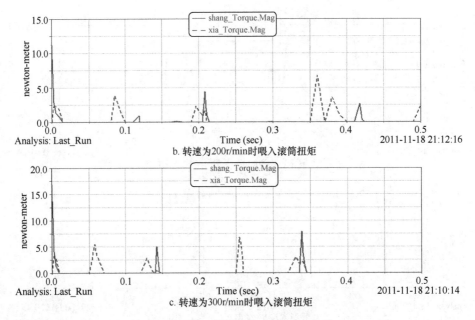

b. 转速为200r/min时喂入滚筒扭矩

c. 转速为300r/min时喂入滚筒扭矩

图 7.13　喂入滚筒扭矩虚拟试验结果

7.3.4.2　输送装置

选取输送滚筒转速为 100r/min、200r/min、300r/min 三个水平进行单因素试验，每次喂入 1 根甘蔗。

图 7.14 为输送滚筒虚拟试验图像（以甘蔗被输送滚筒输送开始记为 t=0.2080s）。甘蔗开始被输送滚筒输送（0.2080s），之后甘蔗在运动过程中发生跳动、滑动和滚动（0.5000s）。

图 7.14　输送滚筒虚拟试验图像

图 7.15 为甘蔗运动情况虚拟试验结果。X 轴为甘蔗运动时间，Y 轴为甘蔗在 x、y、z 三个方向的速度，甘蔗坐标系如图 7.10 所示。甘蔗在 x、y、z 三个方向的速度都有变化，说明甘蔗在输送过程中产生跳动、滑动和滚动。当输送滚筒转速为 100r/min 时，甘蔗运动速度为 1.45m/s，当输送滚筒转速为 200r/min 时，甘蔗运动速度为 2.85m/s，当输送滚筒转速为 300r/min 时，甘蔗运动速度为 2.14m/s。

虚拟试验表明，由于甘蔗在输送过程中产生跳动、滑动和滚动，随着输送滚筒转速逐渐增加，甘蔗在喂入过程中的运动速度不是逐渐增大。

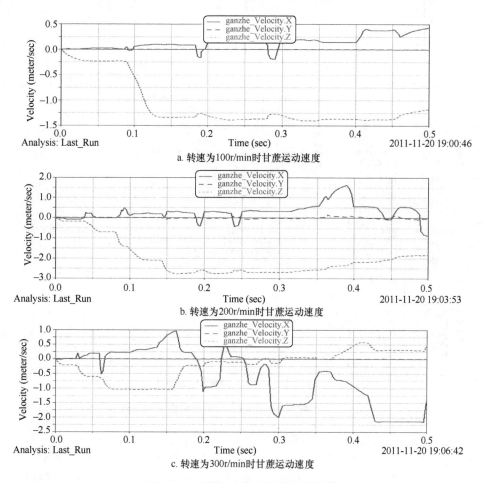

a. 转速为100r/min时甘蔗运动速度

b. 转速为200r/min时甘蔗运动速度

c. 转速为300r/min时甘蔗运动速度

图 7.15　甘蔗运动情况虚拟试验结果

图 7.16 为上输送滚筒与甘蔗作用力虚拟试验结果。X 轴为甘蔗运动时间，Y 轴为 x、y、z 三个方向的作用力，甘蔗坐标系如图 7.10 所示。甘蔗在 x、y、z 三个方向的作用力都有变化，当输送滚筒转速为 100r/min 时，上输送滚筒与甘蔗作用力为 112.83N，当输送滚筒转速为 200r/min 时，上输送滚筒与甘蔗作用力为 229.73N，当输送滚筒转速为 300r/min 时，上输送滚筒与甘蔗作用力为 402.46N。虚拟试验表明，随着输送滚筒转速逐渐增加，上输送滚筒与甘蔗作用力逐渐增大。

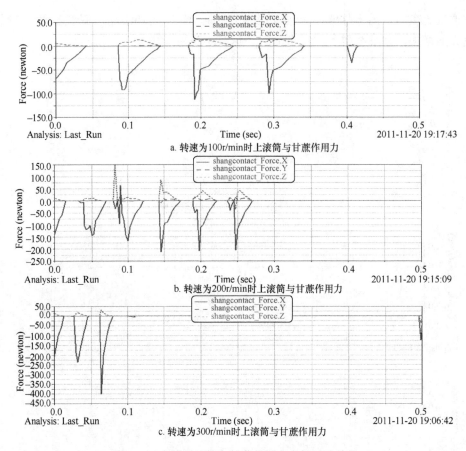

a. 转速为100r/min时上滚筒与甘蔗作用力

b. 转速为200r/min时上滚筒与甘蔗作用力

c. 转速为300r/min时上滚筒与甘蔗作用力

图 7.16　上输送滚筒与甘蔗作用力虚拟试验结果

　　图 7.17 为下输送滚筒与甘蔗作用力虚拟试验结果。X 轴为甘蔗运动时间，Y 轴为在 x、y、z 三个方向的作用力，甘蔗坐标系如图 7.10 所示。甘蔗在 x、y、z 三个方向的作用力都有变化，当输送滚筒转速为 100r/min 时，下输送滚筒与甘蔗作用力为 125.53N、64.87N，当输送滚筒转速为 200r/min 时，下输送滚筒与甘蔗作用力为 198.9N、135.92N，当输送滚筒转速为 300r/min 时，下输送滚筒与甘蔗作用力为 198.86N、198.41N。虚拟试验表明，随着输送滚筒转速逐渐增加，下输送滚筒与甘蔗作用力逐渐增大。

　　图 7.18 为输送滚筒扭矩虚拟试验结果。X 轴为甘蔗运动时间，Y 轴为喂入滚筒扭矩值，甘蔗坐标系如图 7.10 所示。当输送滚筒转速为 100r/min 时，上输送滚筒扭矩为 10.26N·m、下输送滚筒扭矩为 8.53N·m，当输送滚筒转速为 200r/min 时，上输送滚筒扭矩为 27.09N·m、下输送滚筒扭矩为 26.63N·m，当输送滚筒转速为 300r/min 时，上输送滚筒扭矩为 35.55N·m、下输送滚筒扭矩为 37.48N·m。虚拟试验表明，随着喂入滚筒转速逐渐增加，喂入滚筒扭矩逐渐增大。

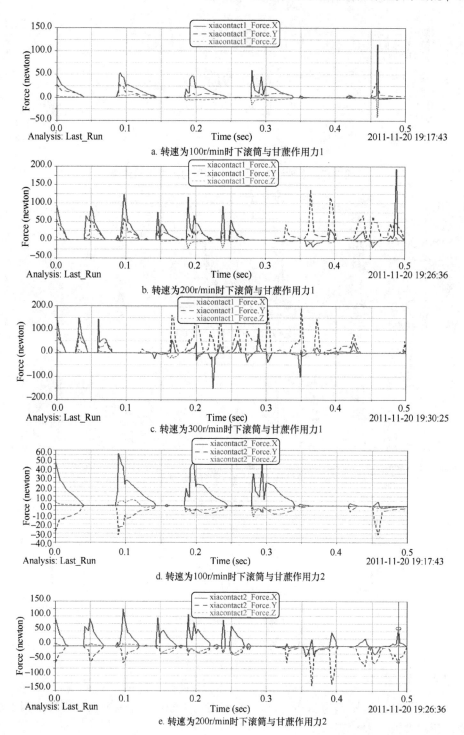

a. 转速为100r/min时下滚筒与甘蔗作用力1

b. 转速为200r/min时下滚筒与甘蔗作用力1

c. 转速为300r/min时下滚筒与甘蔗作用力1

d. 转速为100r/min时下滚筒与甘蔗作用力2

e. 转速为200r/min时下滚筒与甘蔗作用力2

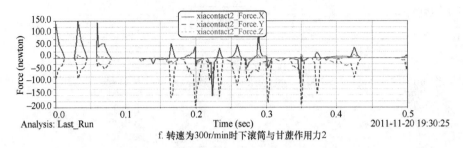

f. 转速为300r/min时下滚筒与甘蔗作用力2

图 7.17　下输送滚筒与甘蔗作用力虚拟试验结果

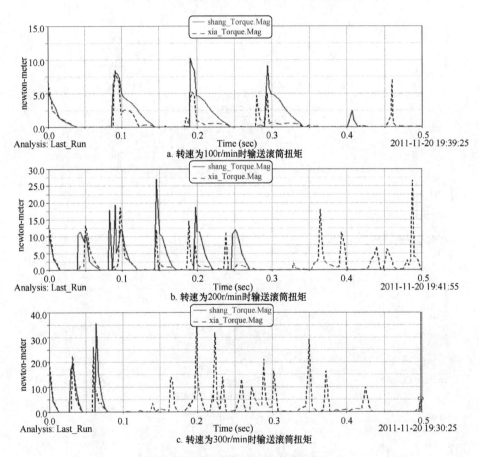

a. 转速为100r/min时输送滚筒扭矩

b. 转速为200r/min时输送滚筒扭矩

c. 转速为300r/min时输送滚筒扭矩

图 7.18　输送滚筒扭矩虚拟试验结果

7.3.4.3　剥叶装置

选取剥叶滚筒转速为900r/min、1100r/min、1300r/min 三个水平进行单因素试验，每次喂入 1 根甘蔗。

图 7.19 为剥叶滚筒虚拟试验图像（以甘蔗被剥叶滚筒剥叶时开始记为 *t*=

0.0000s）。甘蔗开始被剥叶滚筒剥叶（0.0000s），之后甘蔗在运动过程中发生跳动、滑动和滚动（0.4100s）。

图 7.20 为甘蔗运动情况虚拟试验结果。X 轴为甘蔗运动时间，Y 轴为甘蔗在 x、y、z 三个方向的速度，甘蔗坐标系如图 7.10 所示。甘蔗在 x、y、z 三个方向的

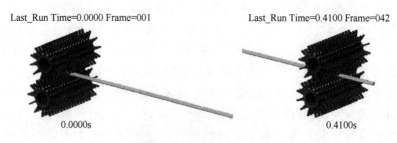

图 7.19　剥叶滚筒虚拟试验图像

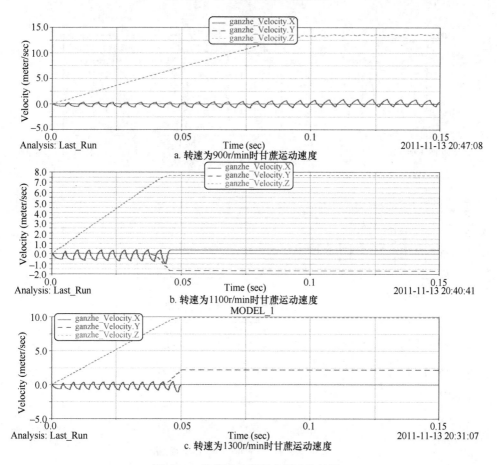

图 7.20　甘蔗运动情况虚拟试验结果

速度都有变化，说明甘蔗在剥叶过程中产生跳动、滑动和滚动。当剥叶滚筒转速为 900r/min 时，甘蔗运动速度为 13.69m/s，当剥叶滚筒转速为 1100r/min 时，甘蔗运动速度为 7.17m/s，当剥叶滚筒转速为 1300r/min 时，甘蔗运动速度为 7.55m/s。虚拟试验表明，由于甘蔗在剥叶过程中产生跳动、滑动和滚动，剥叶滚筒转速逐渐增加，甘蔗在剥叶过程中的运动速度不是逐渐增大。

图 7.21 为上剥叶滚筒与甘蔗作用力虚拟试验结果。X 轴为甘蔗运动时间，Y 轴为在 x、y、z 三个方向的作用力，甘蔗坐标系如图 7.10 所示。甘蔗在 x、y、z 三个方向的作用力都有变化，当剥叶滚筒转速为 900r/min 时，上剥叶滚筒与甘蔗作用力为 825.39N，当剥叶滚筒转速为 1100r/min 时，上剥叶滚筒与甘蔗作用力为 1346.75N，当剥叶滚筒转速为 1300r/min 时，上剥叶滚筒与甘蔗作用力为 1574.60N。虚拟试验表明，随着剥叶滚筒转速逐渐增加，上剥叶滚筒与甘蔗作用力逐渐增大。

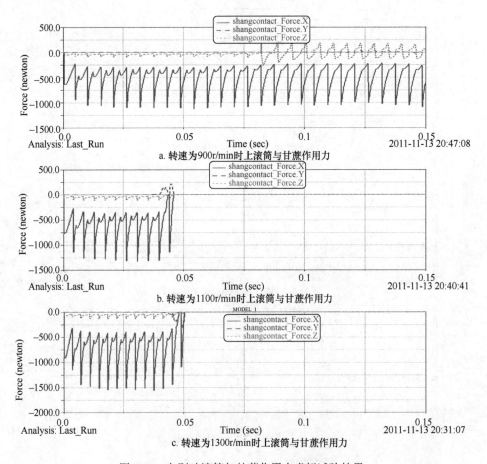

图 7.21 上剥叶滚筒与甘蔗作用力虚拟试验结果

图 7.22 为下剥叶滚筒与甘蔗作用力虚拟试验结果。X 轴为甘蔗运动时间，Y 轴为在 x、y、z 三个方向的作用力，甘蔗坐标系如图 7.10 所示。甘蔗在 x、y、z 三个方向的作用力都有变化，当剥叶滚筒转速为 900r/min 时，下剥叶滚筒与甘蔗作用力为 833.97N，当剥叶滚筒转速为 1100r/min 时，下剥叶滚筒与甘蔗作用力为 1199.68N，当剥叶滚筒转速为 1300r/min 时，下剥叶滚筒与甘蔗作用力为 1176.58N。虚拟试验表明，随着剥叶滚筒转速逐渐增加，下剥叶滚筒与甘蔗作用力不是逐渐增大。

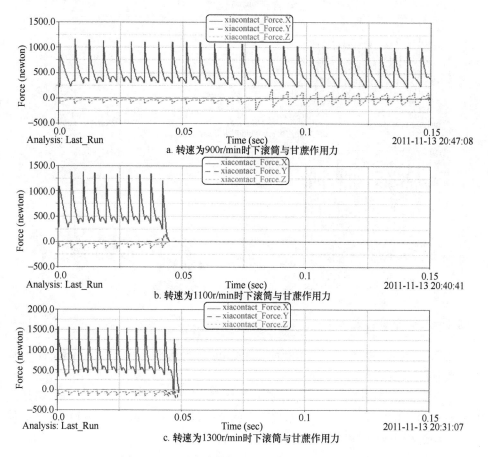

图 7.22　下剥叶滚筒与甘蔗作用力虚拟试验结果

图 7.23 为剥叶滚筒扭矩虚拟试验结果。X 轴为甘蔗运动时间，Y 轴为剥叶滚筒扭矩值，甘蔗坐标系如图 7.10 所示。当剥叶滚筒转速为 900r/min 时，上剥叶滚筒扭矩为 72.95N·m、下剥叶滚筒扭矩 78.09N·m，当剥叶滚筒转速为 1100r/min 时，上剥叶滚筒扭矩为 117.39N·m、下剥叶滚筒扭矩为 101.82N·m，当剥叶滚筒转速为 1300r/min 时，上剥叶滚筒扭矩为 127.51N·m、下剥叶滚筒扭矩 103.61N·m。虚拟试验表明，随着剥叶滚筒转速逐渐增加，剥叶滚筒扭矩逐渐增大。

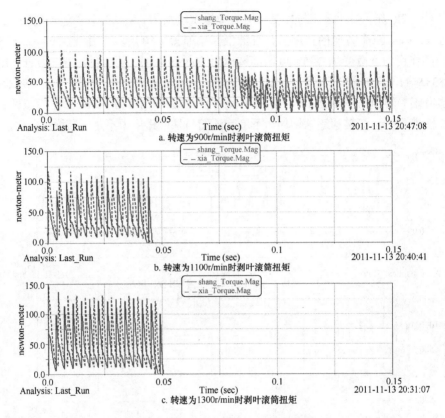

图 7.23　剥叶滚筒扭矩虚拟试验结果

7.3.4.4　风机外圈输送滚筒

选取转速为 100r/min、200r/min、300r/min 三个水平进行单因素试验，每次喂入 1 根甘蔗。

图 7.24 为风机外圈输送滚筒虚拟试验图像（以甘蔗被输送到风机外圈输送滚筒开始记为 t=0.0000s）。甘蔗开始被输送到风机外圈输送滚筒（0.0000s），之后甘蔗在运动过程中产生跳动、滑动和滚动（0.5000s）。

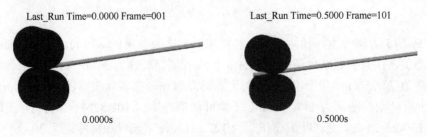

图 7.24　风机外圈输送滚筒虚拟试验图像

图 7.25 为甘蔗运动情况虚拟试验结果。X 轴为甘蔗运动时间，Y 轴为甘蔗在 x、y、z 三个方向的速度，甘蔗坐标系如图 7.10 所示。甘蔗在 x、y、z 三个方向的速度都有变化，说明甘蔗在风机外圈输送过程中产生跳动、滑动和滚动。当风机外圈输送滚筒转速为 100r/min 时，甘蔗运动速度为 0.29m/s，当风机外圈输送滚筒转速为 200r/min 时，甘蔗运动速度为 0.40m/s，当风机外圈输送滚筒转速为 300r/min 时，甘蔗运动速度为 0.59m/s。虚拟试验表明，随着风机外圈输送滚筒转速增加，甘蔗在风机外圈输送过程中的运动速度逐渐增大。

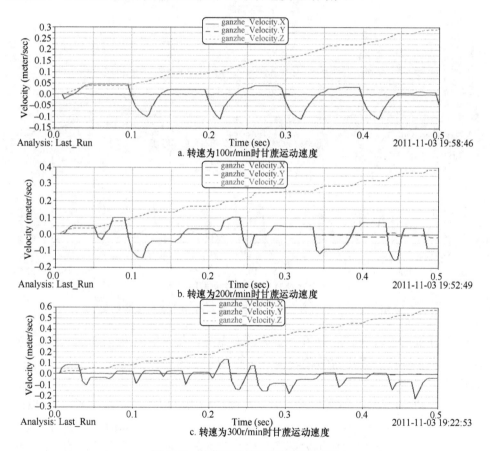

图 7.25   甘蔗运动情况虚拟试验结果

图 7.26 为上风机外圈输送滚筒与甘蔗作用力虚拟试验结果。X 轴为甘蔗运动时间，Y 轴为在 x、y、z 三个方向的作用力，甘蔗坐标系如图 7.10 所示。甘蔗在 x、y、z 三个方向的作用力都有变化，当风机外圈输送滚筒转速为 100r/min 时，上风机外圈输送滚筒与甘蔗作用力为 7.37N，当风机外圈输送滚筒转速为 200r/min 时，上风机外圈输送滚筒与甘蔗作用力为 21.06N，当风机外圈输送滚

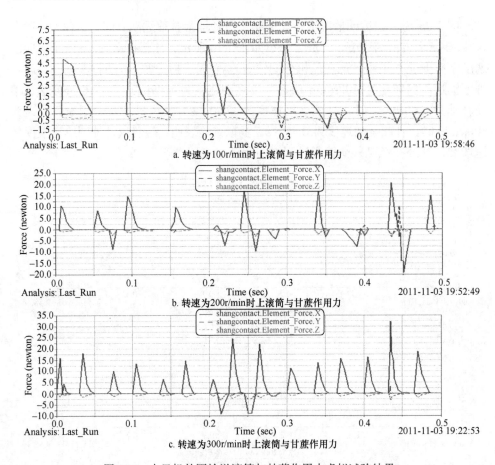

a. 转速为100r/min时上滚筒与甘蔗作用力

b. 转速为200r/min时上滚筒与甘蔗作用力

c. 转速为300r/min时上滚筒与甘蔗作用力

图 7.26　上风机外圈输送滚筒与甘蔗作用力虚拟试验结果

筒转速为 300r/min 时，上风机外圈输送滚筒与甘蔗作用力为 32.30N。虚拟试验表明，随着风机外圈输送滚筒转速逐渐增加，上风机外圈输送滚筒与甘蔗作用力逐渐增大。

图 7.27 为下风机外圈输送滚筒与甘蔗作用力虚拟试验结果。X 轴为甘蔗运动时间，Y 轴为在 x、y、z 三个方向的作用力，甘蔗坐标系如图 7.10 所示。甘蔗在 x、y、z 三个方向的作用力都有变化，当风机外圈输送滚筒转速为 100r/min 时，下风机外圈输送滚筒与甘蔗作用力为 7.35N，当风机外圈输送滚筒转速为 200r/min 时，下风机外圈输送滚筒与甘蔗作用力为 11.84N，当风机外圈输送滚筒转速为 300r/min 时，下风机外圈输送滚筒与甘蔗作用力为 17.68N。虚拟试验表明，随着风机外圈输送滚筒转速逐渐增加，下风机外圈输送滚筒与甘蔗作用力逐渐增大。

图 7.28 为风机外圈输送滚筒扭矩虚拟试验结果。X 轴为甘蔗运动时间，Y 轴

为风机外圈输送滚筒扭矩值, 甘蔗坐标系如图 7.10 所示。当风机外圈输送滚筒转速为 100r/min 时, 上风机外圈输送滚筒扭矩为 0.59N·m、下风机外圈输送滚筒扭矩 0.39N·m, 当风机外圈输送滚筒转速为 200r/min 时, 上风机外圈输送滚筒扭矩为 2.39N·m、下风机外圈输送滚筒扭矩为 0.75N·m, 当风机外圈输送滚筒转速为 300r/min 时, 上风机外圈输送滚筒扭矩为 2.45N·m、下风机外圈输送滚筒扭矩为 1.05N·m。虚拟试验表明, 随着风机外圈输送滚筒转速逐渐增加, 风机外圈输送滚筒扭矩逐渐增大。

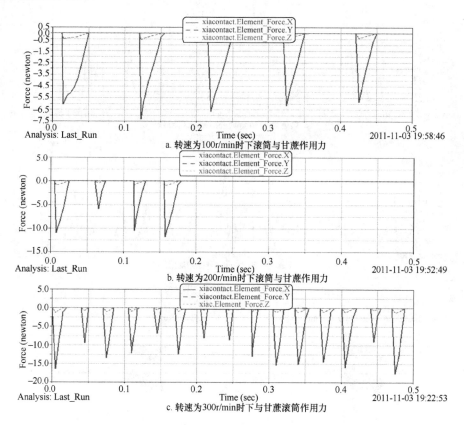

图 7.27　下风机外圈输送滚筒与甘蔗作用力虚拟试验结果

7.3.4.5　杂质分离滚筒

选取转速为 100r/min、200r/min、300r/min 三个水平进行单因素试验, 转向与其他滚筒相反, 每次喂入 1 根甘蔗。

图 7.29 为杂质分离滚筒虚拟试验图像 (以甘蔗被杂质分离滚筒分离开始记为 t=0.0000s)。甘蔗开始被杂质分离滚筒分离 (0.0000s), 之后甘蔗发生跳动 (0.8000s), 并且在运动过程中产生滑动和滚动。

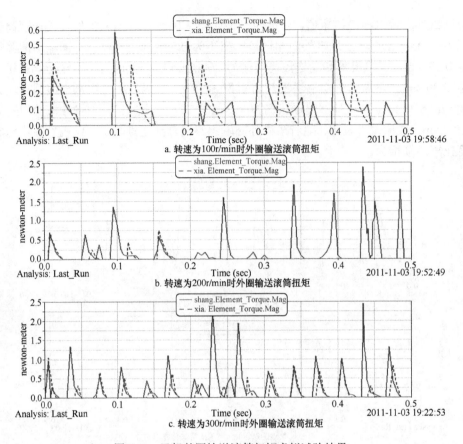

图 7.28 风机外圈输送滚筒扭矩虚拟试验结果

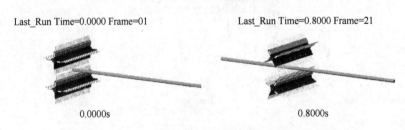

图 7.29 杂质分离滚筒虚拟试验图像

图 7.30 为甘蔗运动情况虚拟试验结果。X 轴为甘蔗运动时间，Y 轴为甘蔗在 x、y、z 三个方向的速度，甘蔗坐标系如图 7.10 所示。甘蔗在 x、y、z 三个方向的速度都有变化，说明甘蔗在杂质分离过程中产生跳动、滑动和滚动。当杂质分离滚筒转速为 100r/min 时，甘蔗运动速度为 1.42m/s，当杂质分离滚筒转速为 200r/min 时，甘蔗运动速度为 2.73m/s，当杂质分离滚筒转速为 300r/min 时，甘蔗运动速度为 3.96m/s。虚拟试验表明，随着杂质分离滚筒转速增加，甘蔗在杂

质分离过程中的运动速度逐渐增大，在物流排杂装置甘蔗运动方向上，甘蔗运动速度逐渐减小。

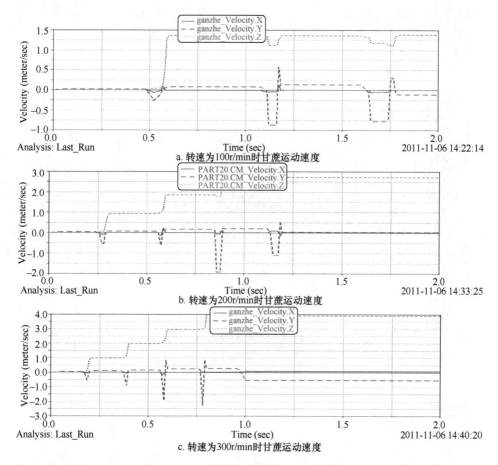

图 7.30　甘蔗运动情况虚拟试验结果

　　图 7.31 为上杂质分离滚筒与甘蔗作用力虚拟试验结果。X 轴为甘蔗运动时间，Y 轴为在 x、y、z 三个方向的作用力，甘蔗坐标系如图 7.10 所示。甘蔗在 x、y、z 三个方向的作用力都有变化，当杂质分离滚筒转速为 100r/min 时，上杂质分离滚筒与甘蔗作用力为 238.23N，当杂质分离滚筒转速为 200r/min 时，上杂质分离滚筒与甘蔗作用力为 638.85N，当杂质分离滚筒转速为 300r/min 时，上杂质分离滚筒与甘蔗作用力为 812.20N。虚拟试验表明，随着杂质分离滚筒转速逐渐增加，上杂质分离滚筒与甘蔗作用力逐渐增大。

　　图 7.32 为下杂质分离滚筒与甘蔗作用力虚拟试验结果。X 轴为甘蔗运动时间，Y 轴为在 x、y、z 三个方向的作用力，甘蔗坐标系如图 7.10 所示。甘蔗在 x、y、z

三个方向的作用力都有变化，当杂质分离滚筒转速为 100r/min 时，下杂质分离滚筒与甘蔗作用力为 171.39N，当杂质分离滚筒转速为 200r/min 时，下杂质分离滚筒与甘蔗作用力为 329.44N，当杂质分离滚筒转速为 300r/min 时，下杂质分离滚筒与甘蔗作用力为 510.91N。虚拟试验表明，随着杂质分离滚筒转速逐渐增加，下杂质分离滚筒与甘蔗作用力逐渐增大。

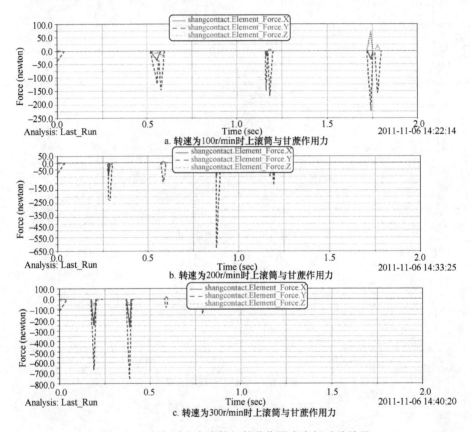

图 7.31　上杂质分离滚筒与甘蔗作用力虚拟试验结果

图 7.33 为杂质分离滚筒扭矩虚拟试验结果。X 轴为甘蔗运动时间，Y 轴为杂质分离滚筒扭矩值，甘蔗坐标系如图 7.10 所示。当杂质分离滚筒转速为 100r/min 时，上杂质分离滚筒扭矩为 10.70N·m、下杂质分离滚筒扭矩为 6.82N·m，当杂质分离滚筒转速为 200r/min 时，上杂质分离滚筒扭矩为 41.35N·m、下杂质分离滚筒扭矩为 25.34N·m，当杂质分离滚筒转速为 300r/min 时，上杂质分离滚筒扭矩为 48.70N·m、下杂质分离滚筒扭矩为 50.91N·m。虚拟试验表明，随着杂质分离滚筒转速逐渐增加，杂质分离滚筒扭矩逐渐增大。

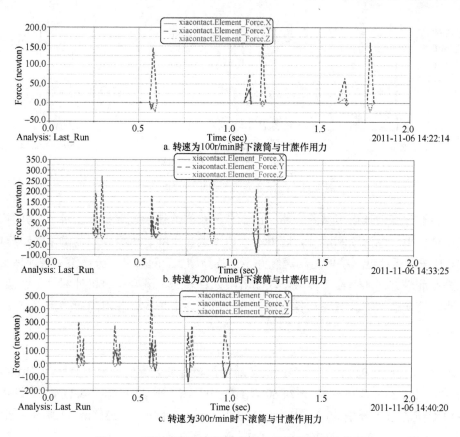

a. 转速为100r/min时下滚筒与甘蔗作用力

b. 转速为200r/min时下滚筒与甘蔗作用力

c. 转速为300r/min时下滚筒与甘蔗作用力

图 7.32　下杂质分离滚筒与甘蔗作用力虚拟试验结果

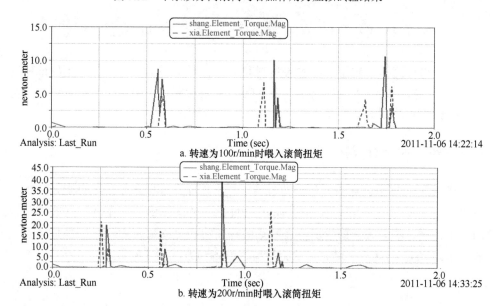

a. 转速为100r/min时喂入滚筒扭矩

b. 转速为200r/min时喂入滚筒扭矩

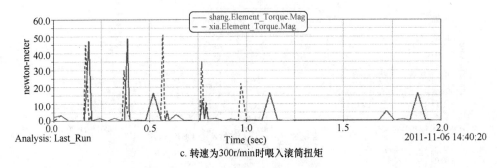

c. 转速为300r/min时喂入滚筒扭矩

图 7.33　杂质分离滚筒扭矩虚拟试验结果

各部件刚性体虚拟试验表明，由于甘蔗在物流排杂装置中发生跳动，并且在运动过程中产生滑动和滚动，随着喂入、输送、剥叶、风机外圈输送滚筒转速增加，甘蔗在运动过程中的运动速度并不是逐渐增大。随着杂质分离滚筒转速增加，甘蔗在前进方向的速度逐渐减小。随着喂入、输送、剥叶、风机外圈输送、杂质分离滚筒转速增加，甘蔗与各对滚筒的作用力逐渐增大，各对滚筒的扭矩亦逐渐增大。

在预试验得出的最佳参数下，甘蔗在前进方向的运动速度分别为 0.50m/s、1.45m/s、7.55m/s、0.29m/s、-1.42m/s。各对滚筒与甘蔗之间的作用力分别为 71.85N、15.57N，112.83N、125.53N，1574.60N、1176.58N，7.37N、7.35N，238.23N、171.39N。各对滚筒的扭矩分别为 5.63N·m、2.13N·m，10.26N·m、8.53N·m，127.51N·m、103.61N·m，0.59N·m、0.39N·m，10.7N·m、6.82N·m。

7.4　物流排杂装置各部件柔性体虚拟试验

甘蔗与物流排杂装置中的橡胶材料和尼龙材料都是柔性体，为了更好地研究甘蔗在物流排杂装置中运动情况，在 ADAMS 中对甘蔗和物流排杂装置进行柔性体虚拟试验，总结运动规律。

7.4.1　各部件柔性体建模

在 ADAMS 中创建柔性体，通过 ANSYS 软件进行单元划分等有限元分析，生成模态中性文件 MNF，然后将 MNF 文件导入 ADAMS 中。在 ADAMS 中分别创建了甘蔗、输送滚筒橡胶块、剥叶滚筒橡胶块和分离尼龙刷 4 种柔性体模型，如图 7.34 所示。模型的建立与试验材料、设备和方法同 7.3 节。

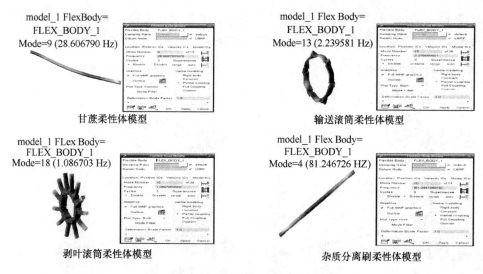

图 7.34　物流排杂装置中柔性体模型图

7.4.2　试验设计

选取上、下喂入滚筒轴心垂直距离为 340mm，上、下输送滚筒轴心垂直距离为 310mm，上、下剥叶滚筒轴心垂直距离为 280mm，上、下风机外圈输送滚筒轴心垂直距离为 300mm，上、下杂质分离滚筒轴心垂直距离为 280mm，喂入滚筒、输送滚筒、风机外圈滚筒转速为 100r/min，剥叶滚筒转速 1300r/min，杂质分离滚筒转速为 100r/min 进行虚拟试验，每次喂入 1 根甘蔗。

7.4.3　各部件柔性体虚拟试验结果与分析

7.4.3.1　喂入滚筒柔性体

图 7.35 为喂入滚筒柔性体虚拟试验图像（以甘蔗被喂入滚筒喂入开始记为 $t=0.0000$s）。甘蔗开始被喂入滚筒喂入（0.0000s），之后甘蔗在运动过程中产生跳动、滑动和滚动（0.0040s），随之上喂入橡胶块与甘蔗开始产生变形（0.0480s），并且上喂入橡胶块在每个齿之间的部分受力较易变形，甘蔗两端和中部受力变形（0.0560s）。

图 7.36 为甘蔗运动情况虚拟试验结果。X 轴为甘蔗运动时间，Y 轴为甘蔗在 x、y、z 三个方向的速度，甘蔗坐标系如图 7.10 所示。甘蔗在 x、y、z 三个方向的速度都有变化，说明甘蔗在喂入过程中产生跳动、滑动和滚动。虚拟试验表明，甘蔗运动速度为 0.07m/s。

图 7.37 为喂入滚筒与甘蔗作用力虚拟试验结果。X 轴为甘蔗运动时间，Y 轴

为在 x、y、z 三个方向作用力的合力，虚拟试验表明，上喂入滚筒与甘蔗作用力为 69.22N，下喂入滚筒与甘蔗作用力为 30.26N。

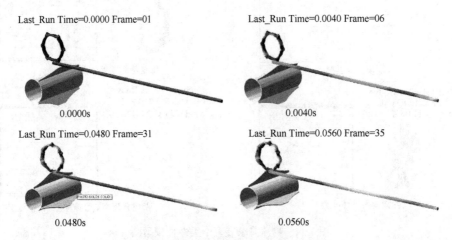

图 7.35　喂入滚筒柔性体虚拟试验图像

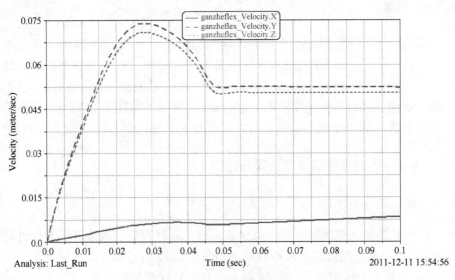

图 7.36　甘蔗柔性体运动速度图

7.4.3.2　输送滚筒柔性体

图 7.38 为输送滚筒柔性体虚拟试验图像（以甘蔗被输送滚筒输送开始记为 t=0.0000s）。甘蔗开始被输送滚筒输送（0.0000s），之后甘蔗在运动过程中产生跳动、滑动和滚动（0.0160s），随之输送橡胶块与甘蔗开始产生变形（0.0360s），并且输送橡胶块每个齿之间的部分受力较易变形，甘蔗头部和中部受力变形（0.0620s）。

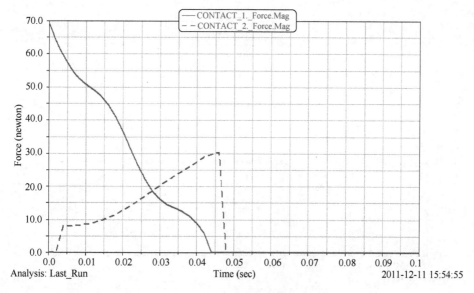

图 7.37　滚筒与甘蔗作用力变化图

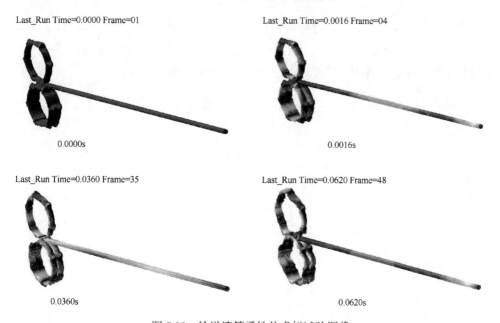

图 7.38　输送滚筒柔性体虚拟试验图像

图 7.39 为甘蔗运动情况虚拟试验结果。X 轴为甘蔗运动时间，Y 轴为甘蔗在 x、y、z 三个方向的速度，甘蔗坐标系如图 7.10 所示。甘蔗在 x、y、z 三个方向的速度都有变化，说明甘蔗在输送过程中产生跳动、滑动和滚动。虚拟试验表明，甘蔗柔性体运动速度为 0.16m/s。

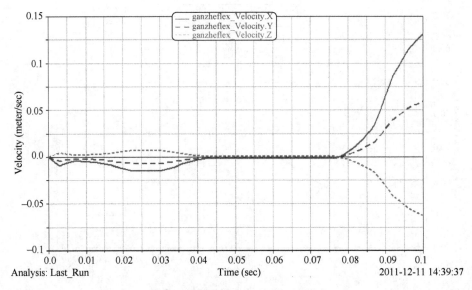

图 7.39　甘蔗柔性体运动速度图

图 7.40 为输送滚筒与甘蔗作用力虚拟试验结果。X 轴为甘蔗运动时间，Y 轴为在 x、y、z 三个方向作用力。虚拟试验表明，上输送滚筒柔性体与甘蔗作用力为 119.12N，下输送滚筒柔性体与甘蔗作用力为 38.15N、52.48N。

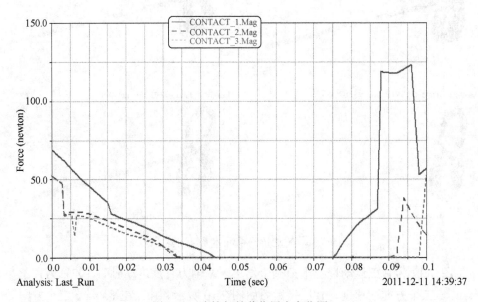

图 7.40　滚筒与甘蔗作用力变化图

7.4.3.3　剥叶滚筒柔性体

图 7.41 为剥叶滚筒柔性体虚拟试验图像（以甘蔗被剥叶滚筒剥叶开始记为 *t*=0.0000s）。甘蔗开始被剥叶滚筒剥叶（0.0000s），之后，甘蔗在运动过程中产生跳动、滑动和滚动（0.0010s），剥叶橡胶块与甘蔗开始产生变形（0.0036s），并且剥叶橡胶块上每个齿受力较易变形，甘蔗两端和中部受力易变形（0.0062s）。

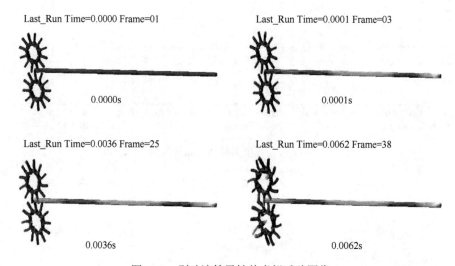

图 7.41　剥叶滚筒柔性体虚拟试验图像

图 7.42 为甘蔗运动情况虚拟试验结果。*X* 轴为甘蔗运动时间，*Y* 轴为甘蔗在 *x*、*y*、*z* 三个方向的速度，甘蔗坐标系如图 7.10 所示。甘蔗在 *x*、*y*、*z* 三个方向的速度都有变化，说明甘蔗在剥叶过程中产生跳动、滑动和滚动。虚拟试验表明，甘蔗运动速度为 1.55m/s。

图 7.43 为剥叶滚筒与甘蔗作用力虚拟试验结果。*X* 轴为甘蔗运动时间，*Y* 轴为在 *x*、*y*、*z* 三个方向作用力的合力。虚拟试验表明，上剥叶滚筒与甘蔗作用力为 1223.92N，下剥叶滚筒与甘蔗作用力为 872.93N。

7.4.3.4　杂质分离滚筒柔性体

图 7.44 为杂质分离滚筒柔性体虚拟试验图像（以甘蔗被杂质分离滚筒分离开始记为 *t*=0.0000s）。甘蔗开始被杂质分离滚筒分离（0.0000s），之后甘蔗在运动过程中产生跳动、滑动和滚动，并且杂质分离尼龙刷受力较易变形，甘蔗两端和中部受力变形（0.5620s）。

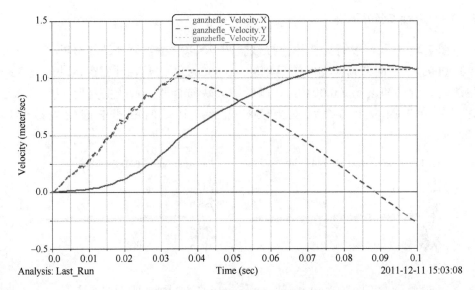

图 7.42　甘蔗柔性体运动速度图

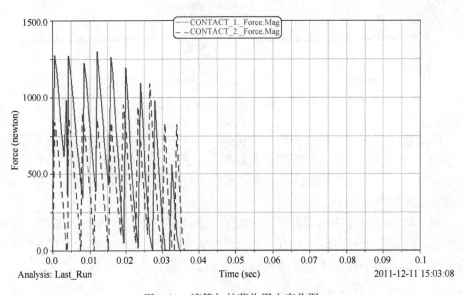

图 7.43　滚筒与甘蔗作用力变化图

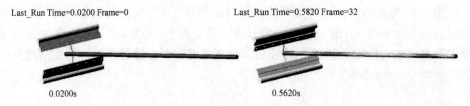

图 7.44　杂质分离滚筒柔性体虚拟试验图像

图 7.45 为甘蔗运动情况虚拟试验结果。X 轴为甘蔗运动时间，Y 轴为甘蔗在 x、y、z 三个方向的速度，甘蔗坐标系如图 7.10 所示。甘蔗在 x、y、z 三个方向的速度都有变化，说明甘蔗在杂质分离过程中产生跳动、滑动和滚动。虚拟试验表明，甘蔗运动速度为 0.05m/s。

图 7.46 为杂质分离滚筒与甘蔗作用力虚拟试验结果。X 轴为甘蔗运动时间，

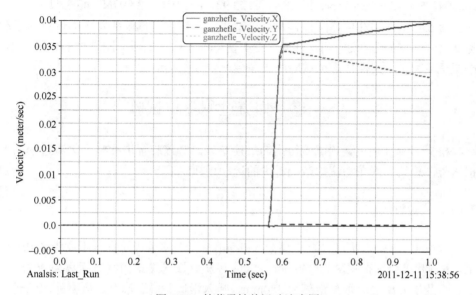

图 7.45　甘蔗柔性体运动速度图

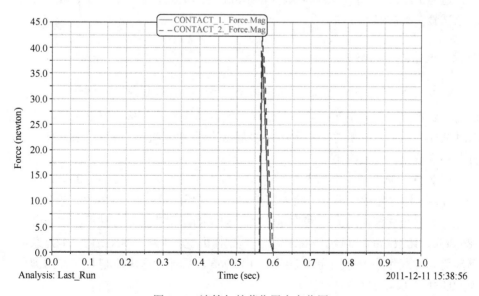

图 7.46　滚筒与甘蔗作用力变化图

y 轴为在 x、y、z 三个方向的作用力。虚拟试验表明，上杂质分离滚筒与甘蔗作用力为 38.97N，下杂质分离滚筒与甘蔗作用力为 43.32N。

根据预试验得出的最佳参数，对物流排杂装置各滚筒进行柔性体分析，并进行柔性体虚拟试验。试验表明，甘蔗在喂入滚筒、输送滚筒、剥叶滚筒、杂质分离滚筒中柔性体运动速度为 0.07m/s、0.16m/s、1.55m/s、0.05m/s，所受的作用力为 69.22N、30.26N，119.12N、38.15N、52.48N，1223.92、872.93N，38.97N、43.32N。

通过各部件柔性体与刚性体对比分析可知，在物流排杂装置中柔性体的运动速度比刚性体的运动速度小，甘蔗所受柔性体的作用力比所受刚性体的作用力小。虚拟试验表明，柔性体虚拟试验结果与生产实际更接近。

7.5 整个物流过程虚拟试验

根据物流排杂装置预试验得出的最佳结果，对该装置进行整个物流过程的虚拟试验，总结甘蔗在物流排杂装置中的运动规律。

7.5.1 试验设计

选取上、下喂入滚筒垂直距离为 340mm，上、下输送滚筒垂直距离为 310mm，上、下剥叶滚筒垂直距离为 280mm，上、下风机外圈输送滚筒垂直距离为 300mm，上、下杂质分离滚筒垂直距离为 280mm，喂入滚筒、输送滚筒、风机外圈输送滚筒转速为 100r/min，剥叶滚筒转速 1300r/min，杂质分离滚筒转速为 100r/min 进行虚拟试验，每次喂入 1 根甘蔗。

7.5.2 试验结果与分析

整个物流过程的虚拟试验图像如图 7.47 所示。甘蔗被喂入装置喂入到物流通道内，随着输送滚筒旋转继续向后输送，剥叶装置将蔗叶从甘蔗上剥离，蔗叶随着甘蔗向后运动，风机排杂装置将杂质从物流通道内排出，最后甘蔗茎秆被物流排杂装置输出，并被收集。

图 7.48 为物流排杂装置与甘蔗作用力虚拟试验结果。X 轴为甘蔗运动时间，Y 轴为各部件与甘蔗作用力。喂入滚筒与甘蔗作用力分别为 14.20N、60.72N，前部输送滚筒与甘蔗作用力分别为 60.72N、54.74N，剥叶滚筒与甘蔗作用力分别为 886.86N、1071.08N，风机外圈滚筒与甘蔗作用力分别为 3.98N、17.52N，杂质分离滚筒与甘蔗作用力分别为 46.03N、142.96N，后部输送滚筒与甘蔗作用力分别为 60.84N、144.97N。

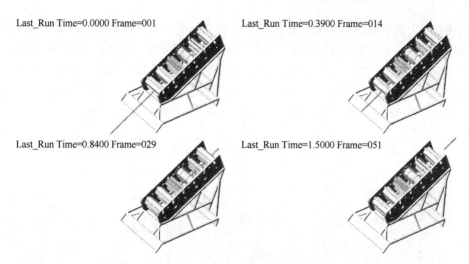

Last_Run Time=0.0000 Frame=001　　　　Last_Run Time=0.3900 Frame=014

Last_Run Time=0.8400 Frame=029　　　　Last_Run Time=1.5000 Frame=051

图 7.47　物流排杂装置虚拟试验图像

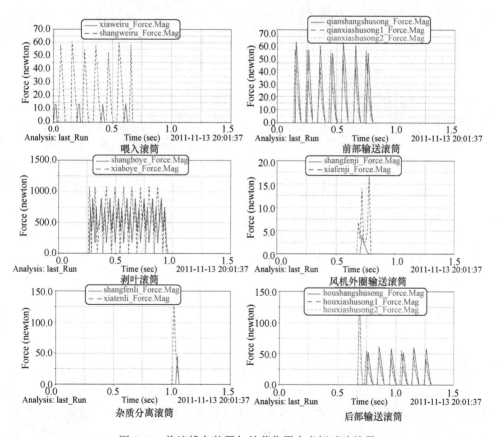

图 7.48　物流排杂装置与甘蔗作用力虚拟试验结果

图 7.49 为物流排杂装置扭矩虚拟试验结果。X 轴为甘蔗运动时间，Y 轴为各部件扭矩值。喂入滚筒的扭矩分别为 2.99N·m、1.97N·m，前部输送滚筒的扭矩分别为 4.76N·m、2.99N·m，剥叶滚筒的扭矩分别为 71.52N·m、101.29N·m，风机外圈输送滚筒的扭矩分别为 1.11N·m、1.10N·m，杂质分离滚筒的扭矩分别为 0.91N·m、7.97N·m，后部输送滚筒的扭矩分别为 3.03N·m、20.38N·m。

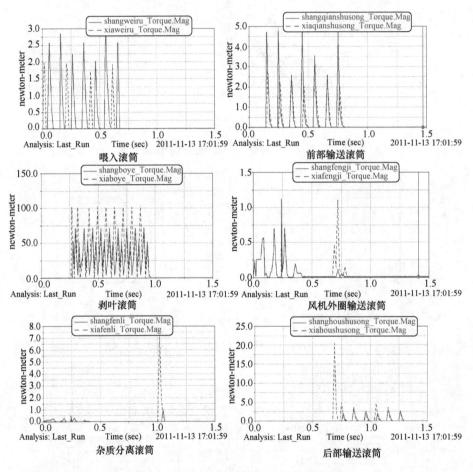

图 7.49　物流排杂装置扭矩虚拟试验结果

整个物流过程的虚拟试验表明，物流排杂装置中喂入滚筒负载 1 根时的扭矩值为 4.96N·m，消耗的功率为 0.052kW；前部输送滚筒负载 1 根时的扭矩值为 7.75N·m，消耗的功率为 0.081kW；剥叶滚筒负载 1 根时的扭矩值为 172.81N·m，消耗的功率为 23.530kW；风机外圈输送滚筒负载 1 根时的扭矩值为 2.21N·m，消耗的功率为 0.023kW；杂质分离滚筒负载 1 根时的扭矩值为 8.88N·m，消耗的功率为 0.093kW；后部输送滚筒负载 1 根时的扭矩值为

23.41N·m，消耗的功率为 0.245kW。虚拟试验结果表明，剥叶滚筒对物流排杂装置功率消耗影响最大。

根据预试验得出的最佳参数，对物流排杂装置整个物流过程进行了虚拟试验。结果表明，喂入滚筒、前部输送滚筒、剥叶滚筒、风机外圈输送滚筒、杂质分离滚筒、后部输送滚筒对甘蔗的作用力分别为 14.20N、60.72N，60.72N、54.74N，886.86N、1071.08N，3.98N、17.52N，46.03N、142.96N，60.84N、144.97N。各对滚筒的扭矩分别为 2.99N·m、1.97N·m，4.76N·m、2.99N·m，71.52N·m、101.29N·m，1.11N·m、1.10N·m，0.91N·m、7.97N·m，3.03N·m、20.38N·m。

在预试验最佳参数下，喂入 1 根甘蔗时，物流排杂装置试验台虚拟试验消耗的功率为 24.02kW，剥叶滚筒对物流排杂装置功率消耗影响最大。

7.6 本 章 小 结

1）运用虚拟样机技术对物流排杂装置的喂入装置、输送装置、剥叶装置、风机外圈输送装置、杂质分离装置进行了运动学和动力学分析。

2）由于甘蔗在物流排杂装置中发生跳动，并且在运动过程中产生滑动和滚动，随着喂入、输送、剥叶、风机外圈输送滚筒转速增加，甘蔗在运动过程中的运动速度并不是逐渐增大；随着杂质分离滚筒转速增加，甘蔗在前进方向的速度逐渐减小。随着喂入、输送、剥叶、风机外圈输送、杂质分离滚筒转速增加，甘蔗与各对滚筒的作用力逐渐增大，各对滚筒的扭矩亦逐渐增大。

3）通过预试验得出各对滚筒最佳参数：喂入滚筒转速为 100r/min，输送滚筒转速为 100r/min，剥叶滚筒转速为 1300r/min，风机外圈输送滚筒转速为 100r/min，杂质分离滚筒转速为 100r/min，此时排杂率最高，含杂率最低，排杂效果最佳，并确定了正交试验的试验因素与试验水平，为正式试验提供了试验依据。

4）物流排杂装置各部件刚性体虚拟试验表明，在最佳参数下，甘蔗在前进方向的运动速度分别为 0.50m/s、1.45m/s、7.55m/s、0.29m/s、−1.42m/s；各对滚筒与甘蔗之间的作用力分别为 71.85N、15.57N，112.83N、125.53N，1574.60N、1176.58N，7.37N、7.35N，238.23N、171.39N；各对滚筒的扭矩分别为 5.63N·m、2.13N·m，10.26N·m、8.53N·m，127.51N·m、103.61N·m，0.59N·m、0.39N·m，10.70N·m、6.82N·m。

5）物流排杂装置各部件柔性体虚拟试验表明，甘蔗柔性体在喂入滚筒、输送滚筒、剥叶滚筒、杂质分离滚筒中运动速度为 0.07m/s、0.16m/s、1.55m/s、0.05m/s，所受的作用力为 69.22N、30.26N，119.12N、38.15N，52.48N、1223.92N、872.93N，38.97N、43.32N。

6）物流排杂装置整个物流过程虚拟试验表明，上下喂入滚筒、前部输送滚筒、剥叶滚筒、风机外圈输送滚筒、杂质分离滚筒、后部输送滚筒对甘蔗的作用力分别为 14.20N、60.72N，60.72N、54.74N，886.86N、1071.08N，3.98N、17.52N，46.03N、142.96N，60.84N、144.97N。各对滚筒的扭矩分别为 2.99N·m、1.97N·m，4.76N·m、2.99N·m，71.52N·m、101.29N·m，1.11N·m、1.10N·m，0.91N·m、7.97N·m，3.03N·m、20.38N·m。

第8章 物流排杂装置台架试验

8.1 引 言

在分析物流排杂运动机理的基础上进行物流排杂装置试验台的试制，并进行物流排杂装置台架试验，总结各因素与各水平的影响规律。

8.2 物流排杂装置试验的设备、材料和方法

8.2.1 试验设备与材料

8.2.1.1 试验设备

试验在华南农业大学工程学院机械加工训练中心内进行。试验设备为物流排杂装置试验台，主要由物流排杂装置和 48kW 拖拉机及液压系统组成。拖拉机上装有液压站，为物流排杂装置提供动力（图 8.1）。

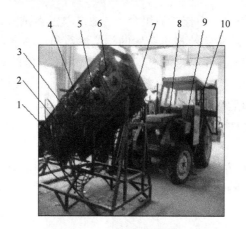

图 8.1 试验台实物图

1. 喂入滚筒；2. 前部输送滚筒；3. 剥叶滚筒；4. 排杂风机滚筒；5. 杂质分离滚筒；6. 后部输送滚筒；
7. 试验台架；8. 拖拉机；9. 液压油箱；10. 液压系统

其他设备还有光电式转速测试仪（DT2234C，测量范围 2.5～99 999RPM）、数码相机、量角器、卷尺、风速仪（读数精度 0.1m/s）、风速风压仪（读数精度 0.1m/s）、电子秤（精度 0.01kg）。

8.2.1.2 试验材料

试验材料如图 8.2 所示，采用湛江农垦广垦农机服务公司实验基地种植的甘蔗，品种为'新台糖'16，要求无病虫害。

图 8.2 试验材料

8.2.2 试验方法

1）在排杂风机最佳参数和预试验基础上进行物流排杂装置正交试验，得出影响排杂效果的各因素的主次关系，是否存在交互作用，并选出影响排杂效果的最佳参数的组合。

2）在正交试验得出的最佳参数组合下，通过单因素试验、双因素试验和速比试验，研究在收获过程中物流排杂装置的结构参数和运动参数对甘蔗排杂效果的影响。重点考察各因素与排杂效果之间的关系，得出一定的规律。

3）在研究单根甘蔗、优化结构参数的基础上，进行多根甘蔗试验，检验物流排杂装置的通过性和适应性。

4）对未切梢与切梢甘蔗、轴流风机与排杂风机进行排杂效果对比试验，总结排杂规律。

5）利用高速摄影方法，观察甘蔗在物流排杂装置中的物流排杂过程，分析喂入装置、输送装置、剥叶装置和风机排杂装置之间的衔接规律和甘蔗在物流通道内的运动情况。

8.2.3 物流排杂装置试验指标与数据处理方法

1）选取甘蔗的排杂率、含杂率、整秆率、断尾率和甩出率作为物流排杂装置排杂效果的试验指标。甘蔗被排出后未折断记为 1，折断记为 0。试验指标示意图如图 8.3 所示。

排杂率是甘蔗在排杂部排出的叶子质量与样本总质量的比值，用 χ_1 表示。

$$\chi_1 = \frac{m_1 + m_2 + m_3 + m_4 + m_5}{m_1 + m_2 + m_3 + m_4 + m_5 + m_6} \qquad (8.1)$$

式中，m_1 表示前部蔗叶的质量，g；m_2 表示上部飞出蔗叶的质量，g；m_3 表示上部缠绕叶的质量，g；m_4 表示中前部蔗叶的质量，g；m_5 表示中后部蔗叶的质量，g；m_6 表示后部蔗叶的质量，g。

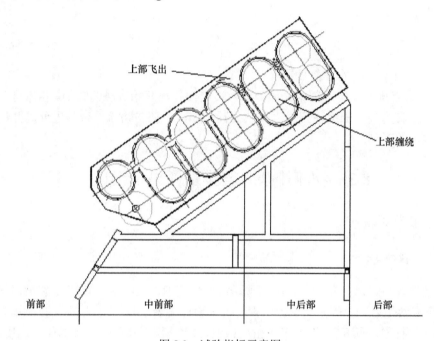

图 8.3　试验指标示意图

含杂率是甘蔗在经过物流排杂装置排出后，收集甘蔗中包含的蔗叶与样本总质量的比值，用 χ_2 表示。

$$\chi_2 = \frac{m_7}{m_1 + m_2 + m_3 + m_4 + m_5 + m_6 + m_7 + m_8 + m_9} \qquad (8.2)$$

式中，m_7 表示收集后蔗叶的质量，g；m_8 表示收集后甘蔗尾部的质量，g；m_9 表示收集后甘蔗茎秆的质量，g。

整秆率是甘蔗在经过物流排杂装置排出后折断的甘蔗数量与样本数量的比值，用 χ_3 表示。

$$\chi_3 = \frac{N_1}{15} \qquad (8.3)$$

式中，N_1 表示折断的甘蔗数量。

断尾率是甘蔗在经过物流排杂装置排出后断尾的甘蔗数量与样本数量的比值，用 χ_4 表示。

$$\chi_4 = \frac{N_2}{15} \qquad (8.4)$$

式中，N_2 表示断尾的甘蔗数量。

甩出率是甘蔗在经过物流排杂装置排杂部甩出的甘蔗数量与样本数量的比值，用 χ_5 表示。

$$\chi_5 = \frac{N_3}{15} \qquad (8.5)$$

式中，N_3 表示甩出的甘蔗数量。

2）物流排杂开始时刻定义为当喂入滚筒与甘蔗开始接触的时刻。物流排杂结束时刻定义为当甘蔗运动到物流排杂装置末端，甘蔗与物流排杂装置分离并被抛甩在地上的时刻。

8.3 物流排杂装置排杂效果台架试验

8.3.1 正交试验

8.3.1.1 试验安排

选取风机出风口角度 A、喂入输送滚筒转速 B、剥叶滚筒转速 C 和滚筒间距 D 4 个因素作为试验因素，试验因素与水平设计见表 8.1。试验指标为排杂率、含杂率与整秆率，见 8.2.3 节。采用正交试验（4 因素，3 水平）设计试验，选用 L_{27} (3^{13}) 正交试验表（试验因素组合及结果如表 8.2 所示）。

表 8.1 正交试验因素与水平

水平	因素			
	A. 风机出风口 角度/（°）	B. 喂入输送滚筒 转速/（r/min）	C. 剥叶滚筒 转速/（r/min）	D. 滚筒间距 （滚筒轴心之间垂直距离）/mm
1	95	100	900	340，310，280，300，280，310
2	105	200	1100	350，320，290，310，290，320
3	115	300	1300	360，330，300，320，300，330

表 8.2 正交试验因素组合及结果

试验号	试验因素													试验结果/%		
	A 1	B 2	A×B 3	C 4	A×C 5	B×C 6	7	D 8	A×D 9	B×D 10	C×D 11	12	13	含杂率	排杂率	整秆率
1	1	1	1	1	1	1	1	1	1	1	1	1	1	5.90	84.86	80.00
2	1	1	1	1	1	2	2	2	2	2	2	2	2	4.66	86.02	93.33
3	1	1	1	1	1	3	3	3	3	3	3	3	3	6.02	95.38	100

续表

试验号	试验因素													试验结果/%		
	A 1	B 2	A×B 3	C 4	A×C 5	B×C 6	7	D 8	A×D 9	B×D 10	C×D 11	12	13	含杂率	排杂率	整杆率
4	1	2	2	2	1	1	1	2	2	2	3	3	3	5.27	98.67	73.33
5	1	2	2	2	2	2	2	3	3	3	1	1	1	4.36	94.85	93.33
6	1	2	2	2	3	3	3	1	1	1	2	2	2	4.71	98.35	93.33
7	1	3	3	3	1	1	1	3	3	3	2	2	2	4.50	97.91	93.33
8	1	3	3	3	2	2	2	1	1	1	3	3	3	6.36	92.24	86.67
9	1	3	3	3	3	3	3	2	2	2	1	1	1	5.85	95.14	73.33
10	2	1	2	3	1	2	3	1	3	2	1	2	3	1.60	98.27	86.67
11	2	1	2	3	2	3	1	2	1	3	2	3	1	3.54	99.65	93.33
12	2	1	2	3	3	1	2	3	2	1	3	1	2	6.35	98.41	93.33
13	2	2	3	1	1	2	3	2	3	1	2	3	1	7.84	100	86.67
14	2	2	3	1	2	3	1	3	1	2	3	1	2	5.98	100	93.33
15	2	2	3	1	3	1	2	1	2	3	1	2	3	7.56	100	80.00
16	2	3	1	2	1	3	2	1	2	3	3	1	2	6.79	100	93.33
17	2	3	1	2	2	1	3	2	3	1	1	2	3	5.73	100	93.33
18	2	3	1	2	3	2	1	3	1	2	2	3	1	6.93	100	93.33
19	3	1	3	2	1	3	2	1	2	2	1	3	2	4.98	87.20	86.67
20	3	1	3	2	2	1	3	2	3	3	2	1	3	5.04	87.33	93.33
21	3	1	3	2	3	2	1	3	1	3	2	1	5.74	81.21	100
22	3	2	1	3	1	3	2	3	3	2	1	5.72	85.16	86.67
23	3	2	1	3	2	3	3	1	3	2	8.70	79.89	93.33
24	3	2	1	3	3	2	1	1	2	2	2	1	3	4.93	87.71	73.33
25	3	3	2	1	1	3	2	3	1	1	2	1	3	8.79	95.89	93.33
26	3	3	2	1	2	3	1	2	2	3	2	1	7.11	94.37	73.33
27	3	3	2	1	3	2	1	2	3	3	1	2	6.31	86.73	86.67

　　在机械加工训练中心模拟甘蔗喂入情况（图 8.4a），试验用甘蔗单根喂入，每次试验喂入 5 根甘蔗，在侧面开孔试验台中观察甘蔗运动情况（图 8.4b）。试验后排杂效果如图 8.4c，d 所示。每个水平重复 3 次，取排杂率、含杂率与整杆率的平均值。

8.3.1.2　正交试验结果与分析

　　正交试验结果如表 8.2 所示。用 SPSS 软件对正交试验结果进行方差分析。由表 8.3 可以看出，A×B 交互作用项的显著值小于 0.05，因此对排杂率的影响显著，A、B 因素之间有交互作用；其他交互作用项的显著值均大于 0.05，因此对排杂率的影响不显著，不存在交互作用。

　　由表 8.4 可以看出，各交互作用项的显著值均大于 0.05，因此它们对含杂率的影响均不显著，各因素之间无交互作用。

a. 甘蔗喂入情况

b. 侧面开孔试验台

c. 试验后排杂效果

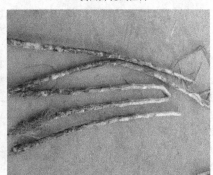
d. 试验后甘蔗

图 8.4　正交试验实物图

表 8.3　物流排杂装置排杂率方差分析

变异来源	平方和	自由度	均方	F	显著水平
A	682.995	2	341.497	33.883	0.000
B	108.697	2	54.348	5.392	0.033
A×B	118.512	2	59.256	5.879	0.027
C	10.101	2	5.050	0.501	0.624
A×C	10.524	2	5.262	0.522	0.612
B×C	49.153	2	24.576	2.438	0.149
D	1.563	2	0.782	0.078	0.926
C×D	39.598	2	19.799		
误差	80.631	8	10.079	1.964	0.202
总和	237 296.664	27			

由表 8.5 可以看出，各交互作用项的显著值均大于 0.05，因此它们对整秆率的影响均不显著，各因素之间无交互作用。

由图 8.5 得出最佳组合为 A2B3C2D3，此组合出现在正交列表中。由图 8.6 得出试验因素影响排杂率的主次关系依次为 A>B>C>D。

表 8.4　物流排杂装置含杂率方差分析

变异来源	平方和	自由度	均方	F	显著水平
A	5.218	2	2.609	2.093	0.186
B	12.913	2	6.456	5.180	0.036
A×B	3.332	2	1.666	1.337	0.316
C	10.224	2	5.112	4.101	0.059
A×C	0.652	2	0.326	0.261	0.776
B×C	4.476	2	2.238	1.795	0.227
D	4.139	2	2.070	1.660	0.249
C×D	2.303	2			0.436
误差	9.972	8	1.151	0.924	
总和	976.905	27	1.246		

表 8.5　物流排杂装置整秆率方差分析

变异来源	平方和	自由度	均方	F	显著水平
A	52.668	2	26.334	0.914	0.439
B	171.246	2	85.623	2.971	0.108
A×B	23.039	2	11.519	0.400	0.683
C	101.997	2	50.998	1.770	0.231
A×C	62.466	2	31.233	1.084	0.383
B×C	92.244	2	46.122	1.601	0.260
D	595.651	2	297.826	10.335	0.006
C×D	22.994	2	11.497		0.684
误差	230.535	8	28.817	0.399	
总和	212 615.645	27			

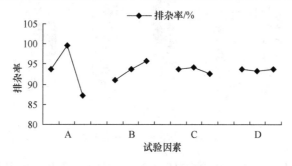

图 8.5　各因素影响极差

由图 8.7 得出最佳组合为 A1B1C3D1，但是此组合并未出现在正交列表中，因此需要对正交试验结果进行验证。由图 8.8 得出试验因素影响含杂率的主次关系依次为 B>C>A>D。

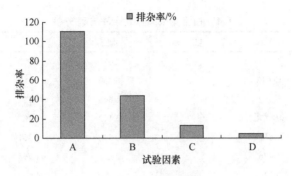

图 8.6　各因素与排杂率关系

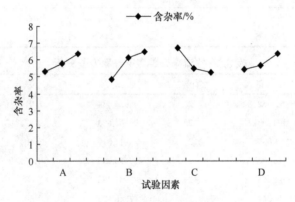

图 8.7　各因素影响极差

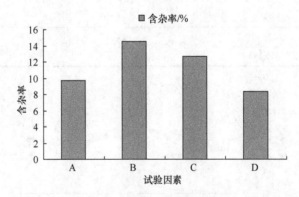

图 8.8　各因素与含杂率关系

　　由图 8.9 得出最佳组合为 A2B1C2D3，但是此组合并未出现在正交列表中，因此需要对正交试验结果进行验证。由图 8.10 得出试验因素影响整秆率的主次关系依次为 D>B>C>A。

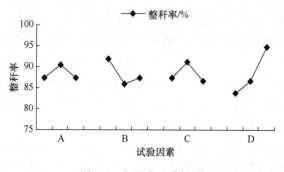

图 8.9　各因素影响极差

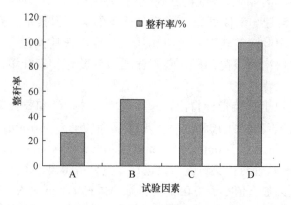

图 8.10　各因素与整秆率关系

8.3.1.3　验证试验

选取正交试验中较优的 A2B1C3D1、A2B1C3D2 与 A1B1C3D1、A2B3C2D3、A2B1C2D3 5 个组合进行验证试验。试验方法与正交试验相同,试验结果图 8.11 所示。

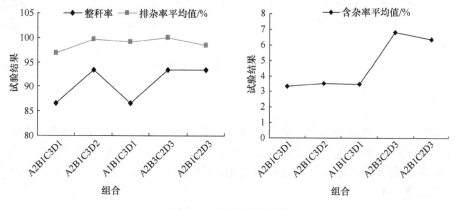

图 8.11　验证试验结果

由图 8.11 可得,各个水平的排杂率与整秆率相差不大,排杂率均大于 96.85%,整秆率均大于 86.67%,含杂率最小的组合是 A2B1C3D1,其值为 3.35%。综合平衡以上试验指标得出,影响排杂率、含杂率和整秆率的最佳组合为 A2B1C3D1,即风机出风口角度为 105°,喂入输送滚筒转速为 100r/min,剥叶滚筒转速为 1300r/min,滚筒间距为 340mm、310mm、280mm、300mm、280mm、310mm。

通过物流排杂装置的正交试验得出以下结论。

1)通过对物流排杂装置进行 4 因素 3 水平的正交试验,得出各因素对排杂效果影响的主次关系,通过验证试验得出了产生最佳排杂效果的因素组合。

2)影响排杂率的 4 个因素由主到次依次为风机出风口角度、喂入输送滚筒转速、剥叶滚筒转速、滚筒间距。影响含杂率的 4 个因素由主到次依次为喂入输送滚筒转速、剥叶滚筒转速、风机出风口角度、滚筒间距。影响整秆率的 4 个因素由主到次依次为滚筒间距、喂入输送滚筒转速、剥叶滚筒转速、风机出风口角度。

3)综合考虑以上试验指标得出,对排杂率、含杂率和整秆率影响最小的最佳组合为风机出风口角度 105°,喂入输送滚筒转速 100r/min,剥叶滚筒转速 1300r/min 和滚筒间距为 340mm、310mm、280mm、300mm、280mm、310mm。

4)通过 SPSS 软件对正交试验结果进行方差分析得出,对于试验指标排杂率,A×B 交互作用项的显著值小于 0.05,对排杂率的影响显著,A、B 因素之间有交互作用;对于试验指标含杂率和整秆率,各交互作用项的显著值均大于 0.05,因此它们对含杂率和整秆率的影响均不显著,各因素之间无交互作用。

8.3.2 影响物流排杂效果的单因素试验

8.3.2.1 风机出风口角度对排杂效果的影响

选取喂入输送滚筒转速为 100r/min,剥叶滚筒转速为 1300r/min,风机滚筒转速为 1800r/min,各对滚筒间距为 340mm、310mm、280mm、300mm、280mm、310mm,选取出风口角度 95°、105°、115°、125° 4 个水平进行单因素试验。以排杂率、含杂率、整秆率、甩出率和断尾率为试验指标,试验用甘蔗单根喂入,每次试验喂入 5 根甘蔗,每个水平重复 3 次,取平均值。试验结果如图 8.12 所示。

利用 SPSS 软件对风机出风口角度单因素试验结果进行单因素方差分析,如表 8.6 所示,从中得出:以排杂率为试验指标,$F=4.326$,Sig.=0.043<0.05,各水平之间有显著差异。以含杂率为试验指标,$F=1.756$,Sig.=0.233>0.05,各水平之间没有显著差异。

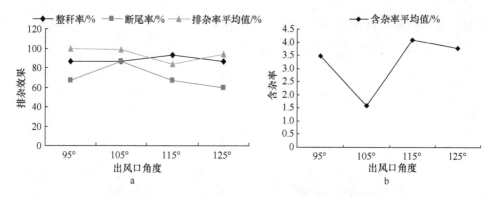

图 8.12　风机出风口角度单因素试验结果图

表 8.6　风机出风口角度单因素方差分析表

		平方和	df	均方	F	Sig.
排杂率	组间	432.493	3	144.164	4.326	0.043
	组内	266.621	8	33.328		
	总计	699.114	11			
含杂率	组间	11.276	3	3.759	1.756	0.233
	组内	17.126	8	2.141		
	总计	28.402	11			

　　图 8.12 是风机出风口角度的单因素试验结果。由图 8.12a 可知，随着风机出风口角度逐渐增大，排杂率逐渐降低后又升高。当风机出风口角度为 115° 时，排杂率达到最低值，此时风机吹出的风与物流流动的方向一致，导致排杂率变低。试验结果表明，出风口角度为 95° 或 105° 时，排杂效果较好，排杂率为 99.13%、98.27%，对整秆率影响不大，均为 86.67% 以上（图 8.12a）；出风口角度为 105° 时，含杂率最低，其值为 1.6%（图 8.12b）；出风口角度为 105° 时，甩出率最低，其值为 0，断尾率最高，达到 86.67%。根据表 8.6 单因素方差分析结果，综合平衡试验指标得出：出风口角度为 105° 时，排杂效果达到最佳，排杂率为 98.27%、含杂率为 1.6%、整秆率为 86.67%、甩出率为 0、断尾率为 86.67%。

8.3.2.2　喂入输送滚筒转速对排杂率的影响

　　选取剥叶滚筒转速为 1300r/min，风机滚筒转速为 1800r/min，出风口角度为 105°，各对滚筒间距为 340mm、310mm、280mm、300mm、280mm、310mm，选取喂入输送滚筒转速为 100r/min、150r/min、200r/min、250r/min、300r/min 5 个水平进行单因素试验。以排杂率、含杂率、整秆率、甩出率和断尾率为试验指标，试验用甘蔗单根喂入，每次试验喂入 5 根甘蔗，每个水平重复 3 次，取平均值。

试验结果如图 8.13 所示。

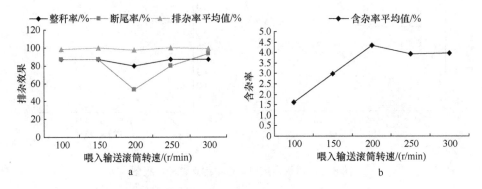

图 8.13　喂入输送滚筒转速的单因素试验结果

图 8.13 是喂入输送滚筒转速的单因素试验结果。试验结果表明,因素 B 对排杂率、含杂率的影响都是在第 1 水平达到最优结果。利用 SPSS 软件对 B1 和 B2 的排杂率、含杂率样本数据进行独立样本 t-检验,如表 8.7 所示,从中得出 B1 和 B2 的两个样本数据的显著值为排杂率 Sig.=0.325>0.05,含杂率 Sig.=0.198>0.05,表明在 95% 的置信区间内这 2 个水平造成的排杂率、含杂率没有显著差异,即 B1 没有造成排杂率显著增加、含杂率显著减少。

表 8.7　B1 和 B2 独立样本 T 检验表

		列文方差齐性检验		均值相等 t-检验				
		F	Sig.	t	df	Sig.（双尾）	平均差	标准差
排杂率	总体方差相等	15.301	0.017	−1.121	4.000	0.325	−1.730 0	1.543 90
	总体方差不等			−1.121	2.000	0.379	−1.730 0	1.543 90
含杂率	总体方差相等	2.592	0.183	−1.542	4.000	0.198	−1.383 3	0.897 12
	总体方差不等			−1.542	2.290	0.247	−1.383 3	0.897 12

由图 8.13a 可知,喂入输送滚筒转速对排杂率和整秆率影响不大,排杂率均为 97.32% 以上,整秆率均为 80% 以上;喂入输送滚筒转速为 100r/min 时,含杂率最低,其值为 1.6%（图 8.13b）;喂入输送滚筒转速为 100r/min 时,甩出率最低,其值为 0,断尾率最高,达到 86.67%。根据独立样本 t-检验,综合平衡试验指标得出:排杂装置转速为 100r/min 时,排杂效果达到最佳,排杂率为 98.27%、含杂率为 1.6%、整秆率为 86.67%、甩出率为 0、断尾率为 86.67%。

8.3.2.3　剥叶滚筒转速对排杂率的影响

选取喂入输送滚筒转速为 100r/min,风机滚筒转速为 1800r/min,出风口角度为 105°,各对滚筒间距为 340mm、310mm、280mm、300mm、280mm、310mm、

选取剥叶滚筒转速为 900r/min、1000r/min、1100r/min、1200r/min、1300r/min 5 个水平进行单因素试验。以排杂率、含杂率、整秆率、甩出率和断尾率为试验指标，试验用甘蔗单根喂入，每次试验喂入 5 根甘蔗，每个水平重复 3 次，取平均值。试验结果如图 8.14 所示。

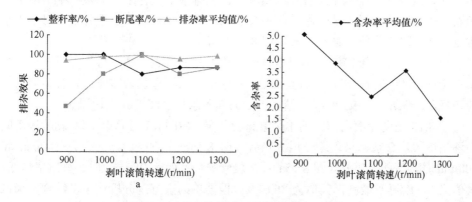

图 8.14　剥叶滚筒转速的单因素试验结果

表 8.8 为剥叶滚筒转速单因素试验结果方差分析表，从中可知：以排杂率为试验指标，$F=0.865$，Sig.$=0.517>0.05$，各水平之间没有显著差异；以含杂率为试验指标，$F=4.075$，Sig.$=0.033<0.05$，各水平之间有显著差异。

表 8.8　剥叶滚筒转速单因素方差分析表

		平方和	df	均方	F	Sig.
排杂率	组间	47.315	4	11.829	0.865	0.517
	组内	136.687	10	13.669		
	总计	184.001	14			
含杂率	组间	16.805	4	4.201	4.075	0.033
	组内	10.310	10	1.031		
	总计	27.115	14			

图 8.14 是剥叶滚筒转速的单因素试验结果。由图 8.14 可知，随着剥叶滚筒转速逐渐增大，排杂率呈现逐渐增大的趋势（图 8.14a），根据表 8.8 得出其增大趋势不显著；随着剥叶滚筒转速逐渐增大，整秆率呈现降低的趋势（图 8.14a）。随着剥叶滚筒转速逐渐增大，含杂率逐渐降低，当喂入输送滚筒为 1300r/min 时，含杂率达到最低值，其值为 1.6%（图 8.14b）；当剥叶滚筒转速为 1300r/min 时，甩出率最低，其值为 0，断尾率较高，其值为 86.67%。根据单因素方差分析结果，综合平衡试验指标得出：剥叶滚筒转速为 1300r/min 时，排杂效果达到最佳，排杂率为 98.27%、含杂率为 1.6%、整秆率为 86.67%、甩出率为 0、断尾率为 86.67%。

8.3.2.4 剥叶滚筒间距对排杂率的影响

选取喂入输送滚筒转速为 100r/min，剥叶滚筒转速为 1300r/min，风机滚筒转速为 1800r/min，出风口角度为 105°，选取剥叶滚筒间距为 280mm、290mm、300mm、310mm 4 个水平进行单因素试验。以排杂率、含杂率、整秆率、甩出率和断尾率为试验指标，试验用甘蔗单根喂入，每次试验喂入 5 根甘蔗，每个水平重复 3 次，取平均值。试验结果如图 8.15 所示。

表 8.9 为剥叶滚筒间距单因素试验结果方差分析表，从中可知：以排杂率为试验指标，$F=1.071$，Sig.=0.414>0.05，各水平之间没有显著差异；以含杂率为试验指标，$F=3.758$，Sig.=0.06，稍大于 0.05，各水平之间差异比较显著。

图 8.15 是剥叶滚筒间距的单因素试验结果。由图 8.15 可知，随着剥叶滚筒间距逐渐增大，含杂率呈现逐渐增大趋势（图 8.15b）；剥叶滚筒间距为 280mm 和 300mm 时，整秆率较好（图 8.15a）；当剥叶滚筒间距为 280mm 时，甩出率最低，其值为 0，断尾率最高，其值为 86.67%。根据单因素方差分析结果，综合平衡试验指标得出：剥叶滚筒间距 280mm 时，排杂效果达到最佳，排杂率为 98.27%、含杂率为 1.6%、整秆率为 86.67%、甩出率为 0、断尾率为 86.67%。

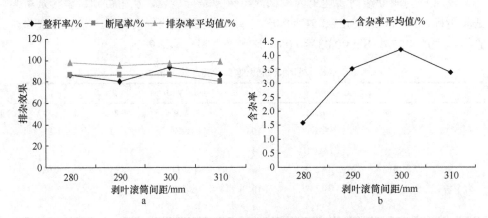

图 8.15 剥叶滚筒间距的单因素试验结果

表 8.9 剥叶滚筒间距单因素方差分析表

		平方和	df	均方	F	Sig.
	组间	23.040	3	7.680	1.071	0.414
排杂率	组内	57.342	8	7.168		
	总计	80.382	11			
	组间	11.135	3	3.712	3.758	0.060
含杂率	组内	7.902	8	0.988		
	总计	19.037	11			

8.3.2.5　杂质分离滚筒间距对排杂率的影响

选取喂入输送滚筒转速为 100r/min，剥叶滚筒转速、风机滚筒转速为 1800r/min，出风口角度为 105°，选取杂质分离滚筒间距 Dz 为 270mm、280mm、290mm、300mm 4 个水平进行单因素试验。以排杂率、含杂率、整秆率、甩出率和断尾率为试验指标，试验用甘蔗单根喂入，每次试验喂入 5 根甘蔗，每个水平重复 3 次，取平均值。试验结果如图 8.16 所示。

图 8.16 是杂质分离滚筒间距的单因素试验结果。试验结果表明，因素 Dz 对排杂率的影响是在第 1 水平达到最优结果、对含杂率的影响是在第 2 水平达到最优结果。利用 SPSS 软件对 Dz1 和 Dz2 的排杂率、含杂率样本数据进行独立样本 t-检验，如表 8.10 所示，从中得出 Dz1 和 Dz2 的两个样本数据的显著值为排杂率 Sig.=0.797>0.05，含杂率 Sig.=0.230>0.05，表明在 95% 的置信区间内这 2 个水平造成的排杂率、含杂率没有显著差异，即 Dz1 没有造成排杂率显著增加、含杂率显著减少。

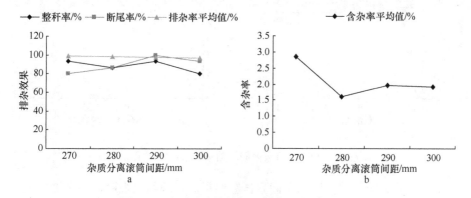

图 8.16　杂质分离滚筒间距的单因素试验结果

表 8.10　Dz1 和 Dz2 独立样本 T 检验表

		列文方差齐性检验		均值相等 t-检验				
		F	Sig.	t	df	Sig.（双尾）	平均差	标准差
排杂率	总体方差相等	3.410	0.139	0.274	4.000	0.797	0.466 7	1.700 84
	总体方差不等			0.274	2.817	0.803	0.466 7	1.700 84
含杂率	总体方差相等	3.072	0.155	1.417	4.000	0.230	1.256 7	0.887 04
	总体方差不等			1.417	2.195	0.282	1.256 7	0.887 04

由图 8.16 可得，杂质分离滚筒间距为 270mm 时，排杂效果最好，排杂率为 98.74%，整秆率最高，其值为 93.33%，随着杂质分离滚筒间距越来越大，排杂率越来越低（图 8.16a）；杂质分离滚筒间距为 280mm 时，含杂率最低，其值为 1.6%，

每个水平的含杂率皆小于 2.86%（图 8.16b）；当杂质分离滚筒间距为 280mm 时，甩出率较低，其值为 0，断尾率较高，其值为 86.67%。根据独立样本 t-检验，综合平衡试验指标得出：杂质分离滚筒间距为 270mm 时，排杂效果达到最佳，排杂率为 98.74%、含杂为 2.86%、整秆率为 93.33%、甩出率为 0、断尾率 86.67%。

8.3.2.6 风机滚筒间距对排杂率的影响

选取喂入输送滚筒转速为 100r/min，剥叶滚筒转速为 1300r/min，风机滚筒转速为 1800r/min，出风口角度为 105°，选取风机滚筒间距 Df 为 300mm、310mm、320mm、330mm 4 个水平进行单因素试验。以排杂率、含杂率、整秆率、甩出率和断尾率为试验指标，试验用甘蔗单根喂入，每次试验喂入 5 根甘蔗，每个水平重复 3 次，取平均值。试验结果如图 8.17 所示。

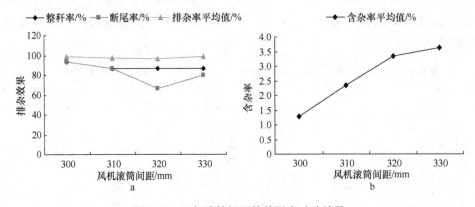

图 8.17　风机滚筒间距的单因素试验结果

图 8.17 是风机滚筒间距的单因素试验结果。试验结果表明，因素 Df 对排杂率、含杂率的影响都是在第 1 水平达到最优结果。利用 SPSS 软件对 Df1 和 Df2 的排杂率、含杂率样本数据进行独立样本 t-检验，如表 8.11 所示，从中得出 Df1 和 Df2 的两个样本数据的显著值为排杂率 Sig.=0.643>0.05，含杂率 Sig.=0.334>0.05，表明在 95%的置信区间内这 2 个水平造成的排杂率、含杂率没有显著差异，即 Df1 没有造成排杂率显著增加、含杂率显著减少。

表 8.11　Df1 和 Df2 独立样本 T 检验表

		列文方差齐性检验		均值相等 t-检验				
		F	Sig.	t	df	Sig.（双尾）	平均差	标准差
排杂率	总体方差相等	0.012	0.919	0.500	4.000	0.643	0.993 3	1.985 11
	总体方差不等			0.500	3.991	0.643	0.993 3	1.985 11
含杂率	总体方差相等	0.000	0.992	−1.098	4.000	0.334	−1.050 0	0.956 05
	总体方差不等			−1.098	3.997	0.334	−1.050 0	0.956 05

由图 8.17 可得,风机滚筒间距为 300mm 时,排杂效果较好,排杂率为 98.63%,整秆率最高,其值为 93.33%（图 8.17a）;风机滚筒间距为 300mm 时,含杂率最低,其值为 1.28%（图 8.17b）;当风机滚筒间距为 300mm 时,甩出率最低,其值为 0,断尾率最高,其值为 93.33%。根据独立样本 t-检验,综合平衡试验指标得出:风机滚筒间距为 300mm 时,排杂效果达到最佳,排杂率为 98.63%、含杂率为 1.28%、整秆率为 93.33%、甩出率为 0、断尾率为 93.33%。

8.3.2.7　喂入输送滚筒间距对排杂率的影响

选取喂入输送滚筒转速为 100r/min,剥叶滚筒转速为 1300r/min,风机滚筒转速为 1800r/min,出风口角度为 105°,选取喂入输送滚筒间距 Dw 为 340mm 与 310mm、350mm 与 320mm、360mm 与 330mm、370mm 与 340mm 4 个水平进行单因素试验。以排杂率、含杂率、整秆率、甩出率和断尾率为试验指标,试验用甘蔗单根喂入,每次试验喂入 5 根甘蔗,每个水平重复 3 次,取平均值。试验结果如图 8.18 所示。

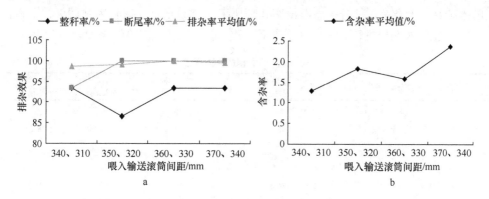

图 8.18　喂入输送滚筒间距的单因素试验结果

图 8.18 是喂入输送滚筒间距的单因素试验结果。试验结果表明,因素 Dw 对排杂率、含杂率的影响都是在第 1 水平达到最优结果。利用 SPSS 软件对 Dw1 和 Dw2 的排杂率、含杂率样本数据进行独立样本 t-检验,如表 8.12 所示,从中得出

表 8.12　Dw1 和 Dw2 独立样本 T 检验表

		列文方差齐性检验		均值相等 t-检验				
		F	Sig.	t	df	Sig.（双尾）	平均差	标准差
排杂率	总体方差相等	5.363	0.082	−0.350	4.000	0.744	−0.510 0	1.458 20
	总体方差不等			−0.350	2.522	0.754	−0.510 0	1.458 20
含杂率	总体方差相等	1.215	0.332	−0.722	4.000	0.510	−0.556 7	0.771 16
	总体方差不等			−0.722	3.210	0.519	−0.556 7	0.771 16

Df1 和 Df2 的两个样本数据的显著值为排杂率 Sig.=0.744>0.05,含杂率 Sig.=0.510>0.05,表明在 95%的置信区间内这 2 个水平造成的排杂率、含杂率没有显著差异,即 Dw1 没有造成排杂率显著增加、含杂率显著减少。

由图 8.18 可知,随着喂入输送滚筒间距逐渐增大,排杂率没有显著变化,整秆率也没有显著变化(图 8.18a);随着喂入输送滚筒间距逐渐增大,含杂率呈现逐渐增大(图 8.18b);当喂入滚筒间距为 340mm 与 310mm 时,甩出率最低,其值为 0,断尾率较高,其值为 93.33%。根据独立样本 t-检验,综合平衡试验指标,喂入输送滚筒间距为 340mm 与 310mm 时,排杂效果达到最佳,排杂率为 98.63%、含杂率为 1.28%、整秆率为 93.33%、甩出率为 0、断尾率为 93.33%。

8.3.2.8 未切梢与切梢喂入的单根对比试验

选取喂入输送滚筒转速为 100r/min,剥叶滚筒转速为 1300r/min,风机滚筒转速为 1800r/min,出风口角度为 105°,各对滚筒间距为 340mm、310mm、280mm、300mm、280mm、310mm,选取喂入前未切梢与喂入前切梢甘蔗进行对比试验。以排杂率、含杂率、整秆率、甩出率和断尾率为试验指标,试验用甘蔗单根喂入,每次试验喂入 5 根甘蔗,每个水平重复 3 次,取平均值。试验结果如表 8.13 所示。

表 8.13 对比试验结果表

组合	含杂率/%	排杂率/%	整秆率/%	甩出率/%	断尾率/%	含杂率平均值/%	排杂率平均值/%
	3.17	100					
未切梢	1.46	99.62	86.67	0	86.67	1.60	98.27
	0.18	95.19					
	1.58	100					
切梢	0.97	100	86.67			0.91	100
	0.18	100					

表 8.13 是未切梢与切梢喂入的单根对比试验的单因素试验结果,从中可知,未切梢时,排杂率为 98.27%、含杂率为 1.60%、整秆率为 86.67%、甩出率为 0、断尾率为 86.67%。切梢时,排杂率为 100%、含杂率为 0.91%、整秆率为 86.67%、甩出率为 0。试验表明,切梢后喂入的甘蔗排杂率比未切梢喂入后的高,含杂率比未切梢喂入后的低,切梢后的甘蔗排杂效果比未切梢的甘蔗排杂效果好。

8.3.2.9 未切梢喂入与切梢喂入的多根对比试验

选取喂入输送滚筒转速为 100r/min,剥叶滚筒转速为 1300r/min,风机滚筒转速为 1800r/min,出风口角度为 105°,各对滚筒间距为 340mm、310mm、280mm、300mm、280mm、310mm,选取 3 根、5 根、7 根 3 个水平进行多根试验。以排杂率、含杂率、整秆率、甩出率和断尾率为试验指标，每个水平重复 3 次，取平均值。试验结果如图 8.19 所示。

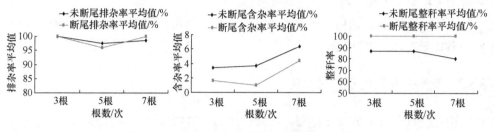

图 8.19　未切梢与切梢喂入多根对比试验结果

表 8.14 为未切梢喂入多根单因素试验结果方差分析表，从中可知：以排杂率为试验指标，F=1.351，Sig.=0.328>0.05，各水平之间没有显著差异；以含杂率为试验指标，F=9.000，Sig.=0.016<0.05，各水平之间有显著差异。

表 8.14　未切梢喂入多根单因素试验结果方差分析表

		平方和	df	均方	F	Sig.
排杂率	组间	8.795	2	4.398	1.351	0.328
	组内	19.535	6	3.256		
	总计	28.330	8			
含杂率	组件	15.949	2	7.974	9.000	0.016
	组内	5.316	6	0.886		
	总计	21.265	8			

表 8.15 为切梢喂入多根单因素试验结果方差分析表，从中可知：以排杂率为试验指标，F=1.000，Sig.=0.465>0.05，各水平之间没有显著差异；以含杂率为试验指标，F=13.822，Sig.=0.031<0.05，各水平之间有显著差异。

表 8.15　切梢喂入多根单因素方差分析表

		平方和	df	均方	F	Sig.
排杂率	组间	21.601	2	10.800	1.000	0.465
	组内	32.401	3	10.800		
	总计	54.002	5			
含杂率	组间	7.859	2	3.930	13.822	0.031
	组内	0.853	3	0.284		
	总计	8.712	5			

图 8.19 是未切梢与切梢喂入的多根对比试验的单因素试验结果。未切梢喂入的试验结果表明，当一次喂入 3 根甘蔗时，排杂效果最佳，排杂率为 100%、含杂率为 3.42%、整秆率为 86.67%、甩出率为 0、断尾率为 60%；随着喂入根数的增

加，排杂效果越来越差。切梢喂入的试验结果表明，当一次喂入 3 根甘蔗时，排杂效果最佳，排杂率为 100%、含杂率为 1.65%、整秆率为 100%、甩出率为 6.67%；随着喂入根数的增加，排杂效果越来越差。

由图 8.19 可知，切梢后甘蔗的排杂率、含杂率和整秆率皆大于未切梢，表明切梢后甘蔗的排杂效果较好。

8.3.3 有交互作用的双因素试验

由正交试验方差分析表可知，以排杂率为试验指标时，风机出风口角度与喂入输送滚筒转速之间存在交互作用，因此选取剥叶滚筒转速为 1300r/min，风机滚筒转速为 1800r/min，各对滚筒间距为 340mm、310mm、280mm、300mm、280mm、310mm，选取出风口角度为 105°、115°与喂入输送滚筒转速为 100r/min、200r/min、300r/min 进行双因素试验。以排杂率为试验指标，试验用甘蔗单根喂入，每次试验喂入 1 根甘蔗，每个水平重复 3 次，取平均值。试验结果如图 8.20 所示。

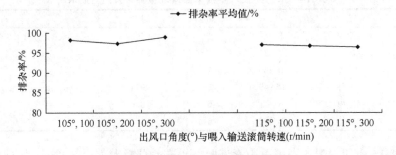

图 8.20 有交互作用双因素试验结果

表 8.16 为交互作用双因素试验结果方差分析表，从中可知：以排杂率为试验指标，风机出风口角度与喂入输送滚筒转速之间的交互作用 $F=0.127$，Sig.$=0.882>0.05$，交互作用不显著。

表 8.16 交互作用可重复双因素试验结果方差分析表

来源	平方和	df	均方	F	Sig.
校正模型	13.824	5	2.765	0.246	0.934
截距	171 085.201	1	171 085.201	15 247.964	0.000
A	8.989	1	8.989	0.801	0.388
B	1.985	1	0.992	0.088	0.916
A×B	2.850	2	1.425	0.127	0.882
误差	134.642	12	11.220		
总计	171 233.667	18			
校正总计	148.466	17			

图 8.20 是有交互作用双因素试验结果,出风口角度为 105°,喂入滚筒转速为 300r/min 时,排杂率最高;出风口角度为 115°,喂入滚筒转速为 100r/min 时,排杂率最高。根据交互作用可重复双因素方差分析结果,综合平衡试验指标得出:出风口角度为 105°,喂入滚筒转速为 100r/min 时,排杂效果达到最佳,排杂率为98.27%、含杂率为 1.6%、整秆率为 86.67%、甩出率为 0、断尾率为 86.67%。

8.3.4 速比试验

速比(K),即喂入输送滚筒线速度与剥叶滚筒的线速度的比值:

$$K = \frac{v_w}{v_b} \tag{8.6}$$

式中,v_w 表示喂入输送滚筒的线速度,m/s;v_b 表示剥叶滚筒的线速度,m/s。

$$v_w = \frac{n_w \pi r_w}{30}, \quad v_b = \frac{n_b \pi r_b}{30} \tag{8.7}$$

式中,n_w 表示喂入输送滚筒的转速,r/min;n_b 表示剥叶滚筒的转速,r/min;r_w 表示喂入输送滚筒半径,$r_w = 150$mm;r_b 表示剥叶滚筒半径,$r_b = 150$mm。

即

$$K = \frac{n_w}{n_b} \tag{8.8}$$

速比(K)是影响剥叶和排杂效果的重要因素。下面通过一系列的单因素试验来寻找 K 值,并验证分析结果。

利用速比公式(8.8)进行计算,得出:

1)喂入输送滚筒转速为 50r/min,剥叶滚筒转速为 1200r/min 时,$K_1 = 0.042$;
2)喂入输送滚筒转速为 100r/min,剥叶滚筒转速为 1300r/min 时,$K_1 = 0.077$;
3)喂入输送滚筒转速为 150r/min,剥叶滚筒转速为 1400r/min 时,$K_1 = 0.107$。

观察计算数据,可以看出随着喂入输送滚筒转速的增大,速比 K 呈一定的递增趋势。利用 SPSS 软件对速比(K)和滚筒转速(n)进行直线回归,以确定它们之间的关系:

$$K = (1.033E - 02)n + (6.500E - 04), \quad R^2 = 0.998 \tag{8.9}$$

经检验,方程的 F 值为 507,显著性水平为 0.028<0.05,因此得出速比(K)和喂入输送滚筒转速(n)之间存在显著的线性关系。

选取风机滚筒转速为 1800r/min,出风口角度为 105°,各对滚筒间距为 340mm、310mm、280mm、300mm、280mm、310mm,选取喂入输送滚筒转速与剥叶滚筒转速分别为 50r/min 与 1200r/min、100r/min 与 1300r/min、150r/min 与 1400r/min 3个水平进行对比试验。以排杂率、含杂率、整秆率、甩出率和断尾率为试验指标,试验用甘蔗单根喂入，每次试验喂入 5 根甘蔗，每个水平重复 3 次，取平均值。试验结果如图 8.21 所示。

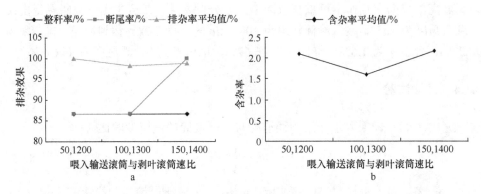

图 8.21　速比试验结果

图 8.21 是速比试验的单因素试验结果，随着速比值逐渐减小，排杂率没有显著变化（图 8.21a）；当喂入输送滚筒转速与剥叶滚筒转速为 100r/min 与 1300r/min 时，含杂率最低（图 8.21b）。综合平衡试验指标可知，喂入输送滚筒转速与剥叶滚筒转速为 100r/min 与 1300r/min 时，排杂效果达到最佳，排杂率为 98.27%、含杂率为 1.6%、整秆率为 86.67%、甩出率为 0、断尾率为 86.67%。

8.3.5　风机对比试验

对本书中风机排杂装置与轴流风机排杂装置进行对比试验，轴流风机排杂装置是在 4GZ-56 型履带式甘蔗联合收获机中使用，根据 JB/T6275—2007《甘蔗收获机械 试验方法》，在广东省遂溪县广前公司前进分公司试验田进行性能试验。本书研制的风机排杂装置在中小型轮式甘蔗联合收获机中使用，由于时间所限，仅在华南农业大学工程学院机械加工训练中心进行了室内试验，并针对试验结果进行对比分析，试验指标为含杂率。进行 2 组试验，每次试验重复 3 次，取平均值。对比试验结果如表 8.17 所示。

表 8.17　对比试验结果表

风机类型	含杂率/%		平均值/%
	1 次试验	2 次试验	
轴流风机	8.8	6.7	7.75
排杂风机	1.6	3.35	2.475

由表 8.17 可得，风机排杂的含杂率平均值为 2.475%；轴流风机排杂的含杂率平均值为 7.75%。对比试验表明：风机排杂效果比轴流风机排杂效果好。

单因素试验结果表明，出风口角度为 105°，排杂装置转速为 100r/min，剥叶滚筒转速为 1300r/min，剥叶滚筒间距为 280mm，杂质分离滚筒间距为 270mm，风机滚筒间距为 300mm，喂入输送滚筒间距为 340mm 与 310mm 时，排杂效果达到最佳，排杂率为 98.27%以上、含杂率为 1.6%以下、整秆率为 86.67%以上、甩出率为 0、断尾率为 86.67%以上。

未切梢与切梢喂入的单根和多根对比单因素试验结果表明，切梢后喂入的甘蔗排杂率比未切梢喂入高，含杂率比未切梢喂入低，切梢后的甘蔗排杂效果比未切梢的甘蔗排杂效果好。

交互作用双因素、速比试验结果表明，出风口角度为 105°，喂入滚筒转速为 100r/min，喂入输送滚筒转速与剥叶滚筒转速为 100r/min 与 1300r/min 时，排杂效果达到最佳，排杂率为 98.27%、含杂率为 1.6%、整秆率为 86.67%、甩出率为 0、断尾率为 86.67%，交互作用不显著。

与轴流式风机排杂装置进行对比试验的结果表明，排杂风机排杂效果比轴流风机好。

8.4　本　章　小　结

1）通过正交试验得出，影响排杂率的 4 个因素由主到次依次为风机出风口角度、喂入输送滚筒转速、剥叶滚筒转速、滚筒间距。影响含杂率的 4 个因素由主到次依次为喂入输送滚筒转速、剥叶滚筒转速、风机出风口角度、滚筒间距。影响整秆率的 4 个因素由主到次依次为滚筒间距、喂入输送滚筒转速、剥叶滚筒转速、风机出风口角度。

2）综合考虑试验指标得出，对排杂率、含杂率和整秆率影响最小的最佳组合为风机出风口角度 105°，喂入输送滚筒转速 100r/min，剥叶滚筒转速 1300r/min，滚筒间距 340mm、310mm、280mm、300mm、280mm、310mm。

3）根据正交试验得出的最佳组合对风机出风口角度、排杂装置转速、剥叶滚筒转速、剥叶滚筒间距、杂质分离滚筒间距、风机滚筒间距、喂入输送滚筒间距、交互作用、喂入输送滚筒与剥叶滚筒速比、未切梢与切梢喂入的单根对比、未切梢喂入与切梢喂入的多根对比、与轴流式风机排杂装置对比等各因素进行单因素试验分析。单因素试验结果表明，出风口角度为 105°，排杂装置转速为 100r/min，剥叶滚筒转速为 1300r/min，剥叶滚筒间距为 280mm，杂质分离滚筒间距为 270mm，风机滚筒间距为 300mm，喂入输送滚筒间距为 340mm 与 310mm 时，排杂效果达到最佳，排杂率为 98.27%以上、含杂率为 1.6%以下、整秆率为 86.67%以上、甩出率为 0、断尾率为 86.67%以上。

4）通过交互作用双因素、速比单因素试验得出，出风口角度为 105°，喂入滚筒转速为 100r/min，喂入输送滚筒转速与剥叶滚筒转速为 100r/min 与 1300r/min 时，排杂效果达到最佳，排杂率为 98.27%、含杂率为 1.6%、整秆率为 86.67%、甩出率为 0、断尾率为 86.67%，交互作用不显著。

5）通过未切梢与切梢喂入的单根和多根对比单因素试验得出，切梢后喂入的甘蔗排杂率比未切梢喂入高，含杂率比未切梢喂入低，切梢后的甘蔗排杂效果比未切梢的甘蔗排杂效果好。

6）通过与轴流式风机排杂装置进行对比单因素试验得出，风机排杂效果比轴流风机排杂效果好。

第 9 章　功耗测定试验

9.1　引　言

在物流虚拟试验和台架试验的基础上,进一步测试物流排杂装置消耗的功率,验证虚拟试验结果,并在物流排杂装置台架试验得出的最佳参数下,测得物流排杂装置消耗的功率,为甘蔗联合收获机整机研究设计提供参数依据。

9.2　扭矩传感器标定

扭矩标定试验台如图 9.1 所示,重复标定 3 次,取平均值。标定结果如表 9.1、图 9.2 所示。

表 9.1　扭矩传感器标定结果

砝码质量/kg	10	20	30	40	50	60	70	80	90	100
测得力矩/N·m	12.99	27.06	39.87	54.23	65.65	78.751	91.93	104.56	116.76	127.10
	12.95	25.87	38.85	51.62	64.37	77.44	90.21	103.25	115.83	128.63
	13.33	26.12	38.99	51.88	64.80	77.32	89.93	103.18	115.79	128.84
力矩平均值/N	13.09	26.35	39.24	52.58	64.94	77.84	90.69	103.66	116.13	128.19

图 9.1　扭矩标定示意图

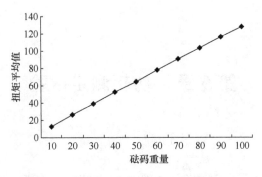

图 9.2　扭矩标定结果

经拟和得标定曲线方程为

$$y = 1.281x + 0.814 ， R^2 = 1 \tag{9.1}$$

式中，x 表示砝码质量，kg；y 表示扭矩，N·m。

经检验，方程 F 值为 83 618.1，回归系数 t =289.168，显著值为 0.000<0.05，线性回归显著。

9.3　试验设备、材料和方法

试验在华南农业大学工程学院机械加工训练中心内进行。物流排杂装置试验台由 48kW 拖拉机上装有的液压站提供动力。其他设备有光电式转速测试仪（DT2234C，测量范围 2.5～99 999RPM）、数码相机、JN338 智能数字式转矩转速传感器（量程 200N·m，准确度 0.5 级）、笔记本电脑等，试验设备如图 9.3 所示。

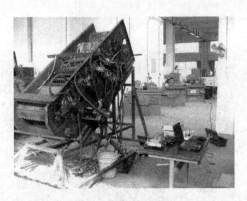

图 9.3　功耗测试设备

试验材料采用湛江农垦广垦农机服务公司试验基地种植的甘蔗，品种为'新台糖 16'，要求无病虫害。

物流排杂装置功耗测定主要由喂入滚筒、上输送滚筒、下前输送滚筒、剥叶滚筒、下后输送滚筒和风机滚筒等组成，分别对每个组成部分进行功耗测定试验，为整机设计提供理论依据。

9.4 试 验 设 计

选取喂入滚筒转速、上输送滚筒转速、下前输送滚筒转速、剥叶滚筒转速、下后输送滚筒转速和风机滚筒转速 6 个因素作为试验因素，因素与水平设计如表 9.2 所示。上、下喂入滚筒轴心垂直距离为 340mm，上、下输送滚筒轴心垂直距离为 310mm，上、下剥叶滚筒轴心垂直距离为 280mm，上、下风机外圈滚筒轴心垂直距离为 300mm，上、下杂质分离滚筒轴心垂直距离为 270mm。以各部件的扭矩和功耗为试验指标，分别对空载、负载 1 根、负载 3 根甘蔗进行试验，试验重复 3 次，取平均值。

表 9.2 试验各因素与水平表

因素	水平		
A. 喂入滚筒转速/（r/min）	100	200	300
B. 上输送滚筒转速/（r/min）	100	200	300
C. 下前输送滚筒转速/（r/min）	100	200	300
D. 剥叶滚筒转速/（r/min）	900	1100	1300
E. 下后输送滚筒转速/（r/min）	100	200	300
F. 风机滚筒转速/（r/min）	1800		

9.5 试验结果与分析

9.5.1 喂入滚筒

喂入滚筒功耗单因素试验结果如表 9.3 所示，从中可知，喂入滚筒转速为 100r/min 时，空载扭矩和功耗分别为 7.27N·m、0.10kW；负载 1 根扭矩和功耗分别为 9.33N·m、0.11kW；负载 3 根扭矩和功耗分别为 17.00N·m、0.17kW。喂入滚筒转速为 200r/min 时，空载扭矩和功耗分别为 7.06N·m、0.15kW；负载 1 根扭矩和功耗分别为 9.71N·m、0.19kW；负载 3 根扭矩和功耗分别为 19.35N·m、0.35kW。喂入滚筒转速为 300r/min 时，空载扭矩和功耗分别为 6.90N·m、0.19kW；负载 1 根扭矩和功耗分别为 9.15N·m、0.22kW；负载 3 根扭矩和功耗分别为 17.74N·m、0.42kW。

表 9.3　喂入滚筒功耗试验结果

因素	100r/min			200r/min			300r/min		
	扭矩/（N·m）	转速/（r/min）	功耗/kW	扭矩/（N·m）	转速/（r/min）	功耗/kW	扭矩/（N·m）	转速/（r/min）	功耗/kW
空载	6.95	120.00	0.10	8.03	196.00	0.18	6.36	252.60	0.18
	8.11	114.70	0.10	6.07	197.60	0.12	6.88	260.00	0.19
	6.75	113.75	0.10	7.09	182.90	0.14	7.45	256.40	0.20
空载平均值	7.27	116.15	0.10	7.06	192.20	0.15	6.90	256.30	0.19
标准差	0.73	3.37	0	0.98	8.06	0.03	0.55	3.70	0.01
负载1根	7.53	103.50	0.10	7.07	192.60	0.14	6.89	247.10	0.18
	9.67	102.50	0.11	8.80	181.90	0.17	9.55	236.00	0.23
	10.80	108.90	0.13	13.26	184.20	0.25	11.01	231.80	0.25
负载1根平均值	9.33	104.97	0.11	9.71	186.20	0.19	9.15	238.30	0.22
标准差	1.66	3.44	0.02	3.19	5.63	0.06	2.09	7.91	0.04
负载3根	19.53	92.70	0.20	18.67	175.00	0.33	17.23	230.70	0.40
	17.11	101.50	0.18	20.25	173.80	0.38	21.24	220.00	0.51
	14.36	101.00	0.13	19.13	167.70	0.35	14.76	231.10	0.36
负载3根平均值	17.00	98.40	0.17	19.35	172.20	0.35	17.74	227.30	0.42
标准差	2.59	4.94	0.04	0.81	3.91	0.03	3.27	6.30	0.08

　　图 9.4 为喂入滚筒扭矩、转速和功耗单因素试验结果。由图 9.4a，c 可知，随着滚筒转速的增加，扭矩值变化不大，功耗值逐渐增大。当负载 3 根甘蔗时，扭矩值和功耗值最大，且随着负载的增加，扭矩值和功耗值越来越大；但此时滚筒转速值最低，且随着负载的增加，滚筒转速越来越低，如图 9.4b 所示。

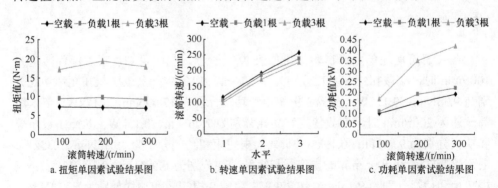

图 9.4　喂入滚筒扭矩、转速和功耗单因素试验结果图

9.5.2　上输送滚筒

上输送滚筒主要包括上前部输送滚筒、上风机外圈输送滚筒、上杂质分离滚筒和上后部输送滚筒等，试验结果为以上各滚筒的功耗之和，如表 9.4 所示。

表 9.4　上输送滚筒功耗试验结果

因素	100r/min			200r/min			300r/min		
	扭矩 /（N·m）	转速 /（r/min）	功耗 /kW	扭矩 /（N·m）	转速 /（r/min）	功耗 /kW	扭矩 /（N·m）	转速 /（r/min）	功耗 /kW
空载	6.12	95.00	0.07	6.26	197.60	0.13	8.30	252.40	0.21
	8.69	94.29	0.10	7.53	198.82	0.18	9.83	241.40	0.24
	6.98	97.78	0.09	8.93	197.90	0.20	9.55	244.70	0.23
空载 平均值	7.26	95.69	0.09	7.57	198.11	0.17	9.23	246.17	0.23
标准差	1.31	1.84	0.02	1.34	0.64	0.04	0.81	5.64	0.02
负载 1 根	8.63	85.80	0.10	14.40	192.60	0.29	13.16	236.70	0.33
	11.35	88.39	0.11	16.46	177.90	0.31	17.60	242.00	0.44
	9.16	86.70	0.10	17.02	190.00	0.34	15.47	246.70	0.40
负载 1 根 平均值	9.71	86.96	0.10	15.96	186.83	0.31	15.41	241.80	0.39
标准差	1.44	1.31	0.01	1.38	7.84	0.03	2.22	5.00	0.06
负载 3 根	11.50	78.75	0.11	20.56	190.60	0.40	18.91	230.00	0.47
	12.76	72.20	0.10	12.18	180.00	0.24	19.38	222.20	0.45
负载 3 根 平均值	12.13	75.475	0.11	16.37	185.30	0.32	19.15	226.10	0.46
标准差	0.89	4.63	0.01	5.93	7.50	0.11	0.33	5.52	0.01

由表 9.4 可知，上输送滚筒转速为 100r/min 时，空载扭矩和功耗分别为 7.26N·m、0.09kW；负载 1 根扭矩和功耗分别为 9.71N·m、0.10kW；负载 3 根扭矩和功耗分别为 12.13N·m、0.11kW。上输送滚筒转速为 200r/min 时，空载扭矩和功耗分别为 7.57N·m、0.17kW；负载 1 根扭矩和功耗分别为 15.96N·m、0.31kW；负载 3 根扭矩和功耗分别为 16.37N·m、0.32kW。上输送滚筒转速为 300r/min 时，空载扭矩和功耗分别为 9.23N·m、0.23kW；负载 1 根扭矩和功耗分别为 15.41N·m、0.39kW；负载 3 根扭矩和功耗分别为 19.15N·m、0.46kW。

图 9.5 为上输送滚筒扭矩、转速和功耗试验结果，从中可知，随着滚筒转速的增加，扭矩值和功耗值逐渐增大。当负载 3 根甘蔗时，扭矩值和功耗值最大，且随着负载的增加，扭矩值和功耗值越来越大；但此时滚筒转速值最低，且随着负载的增加，滚筒转速越来越低，如图 9.5b 所示。

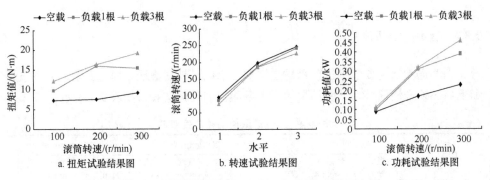

图 9.5 上输送滚筒扭矩、转速和功耗试验结果图

9.5.3 下前输送滚筒

下前输送滚筒主要包括下前部输送滚筒和下风机外圈输送滚筒，测得的功耗为两个滚筒之和,试验结果如表 9.5 所示。

表 9.5 下前输送滚筒功耗试验结果

因素	100r/min			200r/min			300r/min		
	扭矩 /（N·m）	转速 /（r/min）	功耗 /kW	扭矩 /（N·m）	转速 /（r/min）	功耗 /kW	扭矩 /（N·m）	转速 /（r/min）	功耗 /kW
空载	7.20	97.30	0.10	7.41	194.10	0.16	7.40	284.00	0.24
	6.58	94.40	0.09	7.91	197.80	0.17	8.76	286.70	0.27
	7.87	93.30	0.09	6.22	194.50	0.13	6.97	282.10	0.23
空载 平均值	7.22	95.00	0.09	7.18	195.47	0.15	7.71	284.27	0.25
标准差	0.65	2.07	0.01	0.87	2.03	0.02	0.93	2.31	0.02
负载 1 根	8.87	86.70	0.10	13.57	181.25	0.25	18.10	276.25	0.52
	16.32	80.00	0.15	13.38	194.50	0.29	15.67	275.30	0.45
	13.80	82.10	0.11	13.42	186.90	0.26	15.53	280.00	0.45
负载 1 根 平均值	13.00	82.93	0.12	13.46	187.55	0.27	16.43	277.18	0.47
标准差	3.79	3.43	0.03	0.10	6.65	0.02	1.45	2.49	0.04
负载 3 根	12.85	85.00	0.12	21.48	169.20	0.38	18.84	254.40	0.50
	11.68	80.00		19.15	182.50	0.36	19.60	270.00	0.57
负载 3 根 平均值	12.27	82.50	0.11	20.32	175.85	0.37	19.22	262.20	0.54
标准差	0.83	3.54	0.01	1.65	9.40	0.01	0.54	11.03	0.05

由表 9.5 可知，下前输送滚筒转速为 100r/min 时，空载扭矩和功耗分别为 7.22N·m、0.09kW；负载 1 根扭矩和功耗分别为 13.00N·m、0.12kW；负载 3 根扭

矩和功耗分别为 12.27N·m、0.11kW。下前输送滚筒转速为 200r/min 时，空载扭矩和功耗分别为 7.18N·m、0.15kW；负载 1 根扭矩和功耗分别为 13.46N·m、0.27kW；负载 3 根扭矩和功耗分别为 20.32N·m、0.37kW。下前输送滚筒转速为 300r/min 时，空载扭矩和功耗分别为 7.71N·m、0.25kW；负载 1 根扭矩和功耗分别为 16.43N·m、0.47kW；负载 3 根扭矩和功耗分别为 19.22N·m、0.54kW。

图 9.6 为下前输送滚筒扭矩、转速和功耗试验结果。由图 9.6a，c 可知，随着滚筒转速的增加，功耗值逐渐增大。当负载 3 根甘蔗时，扭矩值和功耗值最大，且随着负载的增加，扭矩值和功耗值越来越大；但此时滚筒转速值最低，且随着负载的增加，滚筒转速越来越低，如图 9.6b 所示。

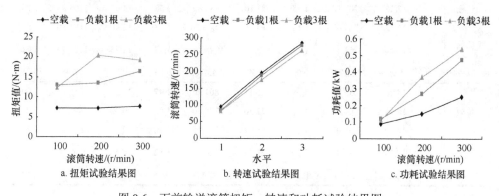

图 9.6 下前输送滚筒扭矩、转速和功耗试验结果图

9.5.4 剥叶滚筒

剥叶滚筒功耗试验结果如表 9.6 所示，从中可知，剥叶滚筒转速为 900r/min 时，空载扭矩和功耗分别为 6.04N·m、0.56kW；负载 1 根扭矩和功耗分别为 15.14N·m、1.19kW；负载 3 根扭矩和功耗分别为 18.23N·m、1.35kW。剥叶滚筒转速为 1100r/min 时，空载扭矩和功耗分别为 6.35N·m、0.71kW；负载 1 根扭矩和功耗分别为 13.19N·m、1.37kW；负载 3 根扭矩和功耗分别为 21.42N·m、1.82kW。剥叶滚筒转速为 1300r/min 时，空载扭矩和功耗分别为 9.39N·m、1.23kW；负载 1 根扭矩和功耗分别为 14.43N·m、1.71kW；负载 3 根扭矩和功耗分别为 20.58N·m、1.99kW。

图 9.7 为剥叶滚筒扭矩、转速和功耗试验结果。由图 9.7a，c 可知，随着滚筒转速的增加，功耗值逐渐增大。当负载 3 根甘蔗时，扭矩值和功耗值最大，且随着负载的增加，扭矩值和功耗值越来越大；但此时滚筒转速值最低，且随着负载的增加，滚筒转速越来越低，如图 9.7b 所示。

表 9.6　剥叶滚筒功耗试验结果

因素	900r/min			1100r/min			1300r/min		
	扭矩/（N·m）	转速/（r/min）	功耗/kW	扭矩/（N·m）	转速/（r/min）	功耗/kW	扭矩/（N·m）	转速/（r/min）	功耗/kW
空载	6.60	895.00	0.63	5.14	1088.60	0.59	10.23	1213.00	1.28
	6.07	891.80	0.56	7.16	1094.50	0.79	9.20	1253.70	1.23
	5.44	884.00	0.48	6.75	1091.30	0.75	8.74	1257.10	1.18
空载平均值	6.04	890.27	0.56	6.35	1091.47	0.71	9.39	1241.27	1.23
标准差	0.58	5.66	0.08	1.07	2.95	0.11	0.76	24.54	0.05
负载1根	13.43	794.30	1.10	13.97	964.00	1.40	16.37	1115.60	1.91
	17.26	709.10	1.28	15.10	983.80	1.58	14.93	1105.80	1.73
	14.72	769.00	1.18	10.51	1046.70	1.13	12.00	1191.80	1.50
负载1根平均值	15.14	757.47	1.19	13.19	998.17	1.37	14.43	1137.73	1.71
标准差	1.95	43.76	0.09	2.39	43.18	0.23	2.23	47.08	0.21
负载3根	19.20	693.90	1.39	23.41	804.20	1.97	19.07	1058.90	2.09
	18.69	704.40	1.37	22.50	778.30	1.83	20.32	966.00	2.04
	16.80	736.00	1.30	18.34	867.10	1.66	22.34	779.23	1.83
负载3根平均值	18.23	711.43	1.35	21.42	816.53	1.82	20.58	934.71	1.99
标准差	1.26	21.91	0.05	2.70	45.67	0.16	1.65	142.44	0.14

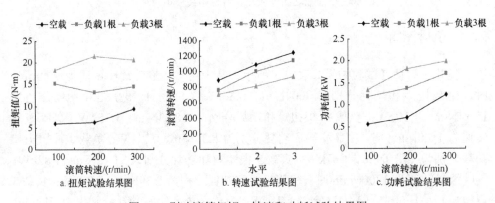

图 9.7　剥叶滚筒扭矩、转速和功耗试验结果图

9.5.5　下后输送滚筒

下后输送滚筒主要包括下杂质分离滚筒和下后部输送滚筒，测得的功耗为两个滚筒之和，试验结果如表 9.7 所示。

表 9.7　下后输送滚筒扭矩试验结果

因素	100r/min			200r/min			300r/min		
	扭矩 /（N·m）	转速 /（r/min）	功耗 /kW	扭矩 /（N·m）	转速 /（r/min）	功耗 /kW	扭矩 /（N·m）	转速 /（r/min）	功耗 /kW
	3.00	95.60	0.01	4.20	183.70	0.08	3.33	281.30	0.10
空载	2.12	94.80	0	3.42	186.40	0.08	4.18	281.20	0.12
	1.83	92.50	0	2.60	184.17	0.05	3.97	281.60	0.12
空载平均值	2.32	94.30	0	3.41	184.76	0.07	3.83	281.37	0.11
标准差	0.61	1.61	0.01	0.80	1.44	0.02	0.44	0.21	0.01
	4.59	98.70	0.04	5.79	185.30	0.12	4.25	271.40	0.12
负载 1 根	5.39	91.60	0.05	5.16	191.10	0.09	12.15	263.70	0.31
	7.48	94.10	0.10	6.27	188.9	0.12	9.17	265.30	0.26
负载 1 根平均值	5.82	94.80	0.06	5.74	188.43	0.11	8.52	233.47	0.23
标准差	1.49	3.60	0.03	0.56	2.93	0.02	3.99	4.06	0.10
	12.08	99.10	0.12	10.40	200.00	0.24	12.53	270.00	0.35
负载 3 根	14.80	102.00	0.16	6.29	182.73	0.11	15.05	274.50	0.43
负载 3 根平均值	13.44	100.55	0.14	9.93	191.37	0.18	13.79	272.25	0.39
标准差	1.92	2.05	0.03	2.91	12.21	0.09	1.78	3.18	0.06

由表 9.7 可知，下后输送滚筒转速为 100r/min 时，空载扭矩和功耗分别为 2.32N·m、0kW；负载 1 根扭矩和功耗分别为 5.82N·m、0.06kW；负载 3 根扭矩和功耗分别为 13.44N·m、0.14kW。下后输送滚筒转速为 200r/min 时，空载扭矩和功耗分别为 3.41N·m、0.07kW；负载 1 根扭矩和功耗分别为 5.74N·m、0.11kW；负载 3 根扭矩和功耗分别为 9.93N·m、0.18kW。下后输送滚筒转速为 300r/min 时，空载扭矩和功耗分别为 3.83N·m、0.11kW；负载 1 根扭矩和功耗分别为 8.52N·m、0.23kW；负载 3 根扭矩和功耗分别为 13.79N·m、0.39kW。

图 9.8 为下后输送滚筒扭矩、转速和功耗试验结果。由图 9.8a，c 可知，随着滚筒转速的增加，功耗值逐渐增大。当负载 3 根甘蔗时，扭矩值和功耗值最大，且随着负载的增加，扭矩值和功耗值越来越大；随着负载的增加，滚筒转速变化不大，如图 9.8b 所示。

9.5.6　风机滚筒

风机滚筒功耗试验结果如表 9.8 所示，从中可知，风机滚筒转速为 1800r/min 时，空载扭矩和功耗分别为 7.79N·m、1.31kW；负载 1 根扭矩和功耗分别为 7.20N·m、1.28kW，随着负载的增加，扭矩值和功耗值变化不大。

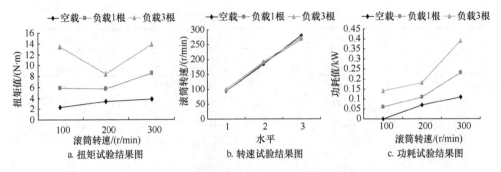

a. 扭矩试验结果图　　b. 转速试验结果图　　c. 功耗试验结果图

图 9.8　下后输送滚筒扭矩、转速和功耗试验结果图

表 9.8　风机滚筒扭矩试验结果

因素	1800r/min		
	扭矩/（N·m）	转速/（r/min）	功率/kW
	7.89	1591.40	1.31
空载	7.75	1625.30	1.32
	7.73	1617.30	1.30
空载平均值	7.79	1611.33	1.31
标准差	0.09	17.72	0.01
	7.17	1712.70	1.29
负载 1 根	7.23	1673.60	1.27
负载 1 根平均值	7.20	1693.15	1.28
标准差	0.04	27.65	0.01

根据物流排杂装置台架试验得出的最佳参数进行物流排杂装置功耗试验，结果表明，物流排杂装置在喂入滚筒、输送滚筒、排杂外圈输送滚筒、分离滚筒转速为 100r/min，剥叶滚筒转速为 1300r/min，风机滚筒转速为 1800r/min 时，空载消耗的总功率为 4.13kW、负载 1 根消耗的总功率为 4.66 kW、负载 3 根消耗的总功率为 5.14kW。

通过功耗试验验证了整个物流过程的虚拟试验结果，功耗试验结果与虚拟试验结果趋势一致，剥叶滚筒对物流排杂装置功率消耗影响最大。

9.6　本 章 小 结

1）对喂入滚筒、上输送滚筒、下前输送滚筒、剥叶滚筒、下后输送滚筒和风机滚筒进行了功耗测定试验，为整机设计提供理论基础。

2）随着喂入滚筒、上输送滚筒、下前输送滚筒、剥叶滚筒、下后输送滚筒和风机滚筒转速的增加，扭矩值变化不大，功耗值逐渐增大。随着负载的增加，扭矩值和功耗值越来越大，当负载 3 根甘蔗时，扭矩值和功耗值最大，滚筒转速值最低。随着负载的增加，滚筒转速越来越低。

3）喂入、上输送、下前输送、下后输送滚筒转速为 100r/min，剥叶滚筒转速为 1300r/min 时，空载扭矩和功耗分别为 7.27N·m、7.26N·m、7.22N·m、6.04N·m、2.32N·m，0.10kW、0.09kW、0.09kW、0.56kW、0kW；负载 1 根扭矩和功耗分别为 9.33N·m、9.71N·m、13.00N·m、15.14N·m、5.82N·m，0.11kW、0.10kW、0.12kW、1.19kW、0.06kW；负载 3 根扭矩和功耗分别为 17.00N·m、12.13N·m、12.27N·m、18.23N·m、13.44N·m，0.17kW、0.11kW、0.11kW、1.35kW、0.14kW。风机滚筒转速为 1800r/min，空载扭矩和功耗分别为 7.79N·m、1.31kW；负载 1 根扭矩和功耗分别为 7.20N·m、1.28kW。

4）根据物流排杂装置台架试验得出的最佳参数，物流排杂装置在喂入滚筒、输送滚筒、风机外圈输送滚筒、分离滚筒转速为 100r/min，剥叶滚筒转速为 1300r/min，风机滚筒转速为 1800r/min 时，空载消耗的总功率为 4.13kW、负载 1 根消耗的总功率为 4.66kW、负载 3 根消耗的总功率为 5.14kW。物流排杂装置功耗测定试验结果与虚拟试验结果趋势一致，验证了物流虚拟试验结果。

第10章 对排杂过程试验结果的分析讨论

10.1 引 言

由第 3 章高速摄影试验和第 8 章物流排杂装置排杂效果试验可知，甘蔗在物流排杂装置中出现甩出的情况。同时高速摄影试验表明，甘蔗被喂入滚筒喂入，当甘蔗继续向后运动时，甘蔗根部向上翘起，随着前部输送滚筒的转动，甘蔗被上下输送滚筒的橡胶齿夹住，依靠喂入滚筒和前部输送滚筒的旋转，此时甘蔗发生弯曲变形，甘蔗穿入上下剥叶橡胶块。剥叶橡胶块随着剥叶滚筒的旋转开始撕扯、梳刷蔗叶，随着剥叶滚筒的转动，剥叶橡胶刷继续撕扯、梳刷蔗叶，剥叶滚筒的旋转继续将甘蔗向后输送，依靠前部输送滚筒和剥叶滚筒的旋转，此时甘蔗发生弯曲变形，蔗叶被上部剥叶橡胶块撕扯掉，并且随着剥叶滚筒的旋转甩出，甘蔗沿着剥叶滚筒的轴向发生偏移旋转。前面剥掉的蔗叶与甘蔗茎秆一起向后输送，由于风机滚筒外圈输送齿条的旋转，甘蔗到达上下杂质分离滚筒的分离刷，随着杂质滚筒的转动，分离刷将蔗叶与甘蔗茎秆分离，风机将蔗叶吹落在物流通道的下方，同时甘蔗茎秆向后输送。随着风机滚筒外圈输送齿条的旋转继续向后输送，依靠风机滚筒和杂质分离滚筒的旋转，甘蔗发生弯曲变形。随着后部输送滚筒的转动，甘蔗被后部上下输送滚筒的橡胶齿夹住，最后输送到集堆装置便于收集。由第 5 章排杂风机气流场特性分析和第 6 章排杂风机性能试验可知，随着风机转速的增大，风机出风口静压、总压和风速逐渐增大。由第 7 章虚拟样机试验可知，由于甘蔗在物流排杂装置中发生跳动，并且在运动过程中产生滑动和滚动，随着喂入、输送、剥叶、风机外圈输送滚筒转速增加，甘蔗在运动过程中的运动速度并不是逐渐增大；随着杂质分离滚筒转速增加，甘蔗在前进方向的速度逐渐减小；随着喂入、输送、剥叶、风机外圈输送、杂质分离滚筒转速增加，甘蔗与各对滚筒的作用力逐渐增大，各对滚筒的扭矩亦逐渐增大。

根据物流排杂装置的虚拟试验结果和台试结果，对排杂风机、风机排杂装置等进行分析讨论，总结杂质排出和物流运动的规律。

10.2 杂质的悬浮速度

在含有杂质（蔗叶、泥土等）和流体的垂直系统中，当流体以小于杂质的自由沉降速度向上运动时，杂质将下降；当流体以大于杂质的自由沉降速度向上运动时，杂质将上升；当流体以等于杂质的自由沉降速度向上运动时，蔗叶将处在一个水平上，呈平衡状态，此时流体的速度称为杂质的自由悬浮速度。杂质悬浮速度示意图如图 10.1 所示。

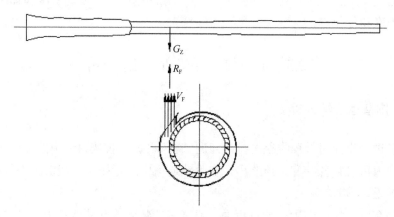

图 10.1　杂质悬浮速度示意图

　　由于蔗叶的质量、泥土颗粒的体积都很小，因此将杂质（蔗叶、泥土）作为质点进行研究。当质量为 m 的杂质处于速度为 V_F 的气流中时，蔗叶在空气中的浮重为 G_Z，蔗叶所受到的空气动力为 R_F，得出悬浮速度 u_f 为（伍悦滨等，2006）：

$$u_f = \sqrt{\frac{4\phi}{3C_d}\left(\frac{\rho_m - \rho}{\rho}\right)gd_e}$$

（10.1）

式中，u_f 表示杂质的悬浮速度，m/s；C_d 表示绕流阻力系数；d_e 表示非球状杂质的体积当量直径，m；ϕ 表示杂质圆柱度，$\phi = \dfrac{\text{体积为}V\text{的圆球表面积}}{\text{体积为}V\text{的实际杂质表面积}}$；$\rho_m$ 表示杂质（蔗叶、泥土等）的密度，kg/m³；ρ 表示气体的密度，常温常压下空气密度约为 1.29kg/m³；g 表示重力加速度，9.8m/s²。

　　式（10.1）为杂质在空气气流中的悬浮速度方程式。

$$d_e = \sqrt{\frac{6V}{\pi}}$$

（10.2）

式中，V 表示是杂质的体积，m³。

　　当 $\phi = 1$ 时，将式（10.2）代入式（10.1）得出蔗叶的悬浮速度：

$$u_f = \sqrt{\frac{4}{3C_d}\left(\frac{\rho_m - \rho}{\rho}\right)g\sqrt{\frac{6V}{\pi}}}$$

（10.3）

当 $\phi \neq 1$ 时，将式（10.2）代入式（10.1）得出泥土颗粒的悬浮速度：

$$u_f' = \sqrt{\frac{4\phi}{3C_d}\left(\frac{\rho_m - \rho}{\rho}\right)g\sqrt{\frac{6V}{\pi}}} \tag{10.4}$$

根据式（10.3）、式（10.4）可知，杂质的悬浮速度与杂质的密度和体积有关，杂质的密度和体积越大，杂质的悬浮速度越大。

10.3　风机排杂装置理论分析

10.3.1　排杂运动学分析

为了进一步探讨甘蔗收获机排杂问题，将风机加入收获通道中的输送滚筒内，输送滚筒内风机将蔗叶和杂质吹出，在收获通道中进行排杂，能够提高甘蔗收获机排杂效果。

甘蔗在物流排杂装置运动过程中，通过剥叶装置蔗叶从茎秆上脱开，此时甘蔗茎秆与蔗叶并未分离，蔗叶随着茎秆向后运动，到达杂质分离装置时被分离刷分离，此时分离刷滚筒旋转做线速度运动，排杂风机吹出的风吹向蔗叶，增大了蔗叶向外排出的运动速度，从而完成排杂过程。

图 10.2 是风机排杂装置中甘蔗与杂质运动轨迹，从中可知，分离刷滚筒的线速度为 V_Z，排杂风机吹出的风速为 V_F，排杂风机风速与甘蔗运动方向的夹角为 γ_F，分离刷滚筒与甘蔗运动方向的夹角为 γ_Z。

根据图 10.2 可得，蔗叶在甘蔗运动方向上的运动速度 V_X 为

$$V_X = V_{FX} - V_{ZX} = V_F \cos\gamma_F - V_Z \cos\gamma_Z \tag{10.5}$$

蔗叶下落速度 V_Y 为

$$V_Y = V_{FY} + V_{ZY} = V_F \cos\gamma_F + V_Z \cos\gamma_Z \tag{10.6}$$

又因为，

$$V_Z = 2\pi nR \tag{10.7}$$

所以，将式（10.7）代入式（10.5）、式（10.6）得出蔗叶在排杂物流中的运动速度为

$$\begin{cases} V_X = V_F \cos\gamma_F - 2\pi nR \cos\gamma_Z \\ V_Y = V_F \cos\gamma_F + 2\pi nR \cos\gamma_Z \end{cases} \tag{10.8}$$

式中，n 表示杂质分离滚筒的转速，r/min；R 表示杂质分离滚筒的半径，mm。

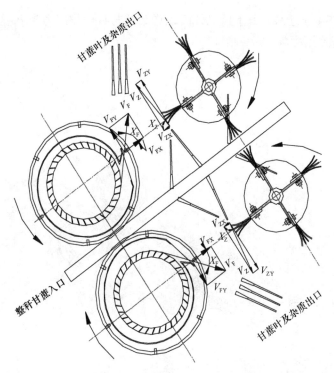

图 10.2　风机排杂装置运动轨迹图

　　根据式（10.8）可知，蔗叶的物流速度与风机风速、杂质分离滚筒转速有关，因此得出风机出风口角度和杂质分离滚筒转速对排杂装置的排杂效果有显著影响。

10.3.2　排杂动力学分析

　　风机排杂装置主要由 2 个排杂风机、2 个外圈输送滚筒、2 个杂质分离滚筒和传动机构等组成。排杂风机主要由风机轮和蜗壳罩等组成。外圈输送滚筒主要由左、右连接板和 6 个输送齿条等组成，上、下输送滚筒齿条之间相啮合，提高输送效果。杂质分离滚筒主要由左、右连接板和 4 个尼龙刷等组成，上、下杂质分离滚筒尼龙刷同步转动，提高杂质分离效果。液压马达带动外圈输送滚筒和杂质分离滚筒转动，通过齿轮传动装置使其转动方向相反。同时，齿轮液压马达通过输出轴带动风机旋转，在物流通道内将蔗叶和杂质吹出。

　　甘蔗在物流排杂装置中受力情况如图 10.3 所示，主要受到上下喂入滚筒、上下输送滚筒、上下剥叶滚筒、上下风机外圈输送滚筒和杂质分离滚筒的作用力。上下喂入滚筒与甘蔗作用力为 F_W，上下输送滚筒与甘蔗作用力为 F_S；上下剥叶滚筒与甘蔗作用力为 F_B，上下风机外圈输送滚筒与甘蔗作用力为 F_P；上下杂质分离滚筒与甘蔗作用力为 F_Z。

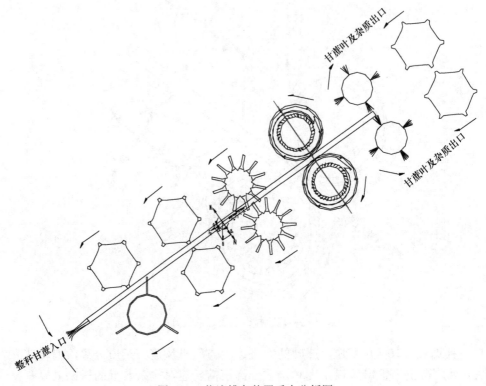

图 10.3　物流排杂装置受力分析图

在杂质分离时甘蔗所受作用力 f 为

$$F = F_W + F_S + F_B + F_P - F_Z - G_F \tag{10.9}$$

又因为，

$$G_F = G\cos\alpha \tag{10.10}$$

式中，G 表示甘蔗的重力，N；α 表示甘蔗重力与甘蔗运动方向的夹角，°。

将式（10.10）代入式（10.9）得

$$f = F_W + F_S + F_B + F_P - F_Z - G\cos\alpha \tag{10.11}$$

式（10.11）为甘蔗在杂质分离时所受力的方程。

此时，令

$$F_1 = F_W + F_S + F_B + F_P \tag{10.12}$$

$$F_2 = F_Z + G\cos\alpha \tag{10.13}$$

$F_1 - F_2 \geq 0$ 时，甘蔗能够顺利通过物流排杂装置，便于后面集堆。

$F_1 - F_2 < 0$ 时，甘蔗在风机排杂装置部甩出，如图 10.4 所示。

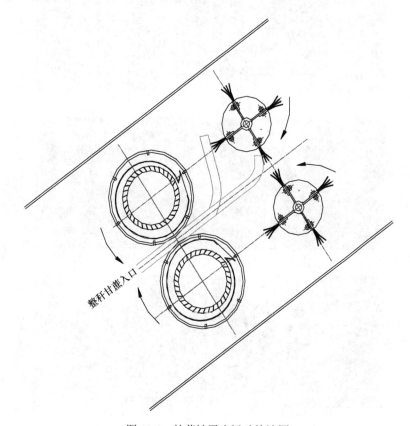

图 10.4　甘蔗被甩出运动轨迹图

10.3.3　排杂甩出高速摄影分析

通过高速摄影观察甘蔗在风机排杂装置中被甩出的情况，验证物流排杂的理论分析结果。

图 10.5 为甘蔗被甩出的高速摄影图像（以甘蔗进入风机排杂装置开始记为 $t=1.845s$）。甘蔗被输送到风机排杂滚筒（1.845s），随着杂质分离滚筒的旋转，甘蔗沿着滚筒旋转的方向发生了位移变化（$t=1.859s$），之后甘蔗处于垂直状态（1.896s），随着杂质滚筒的转动，分离刷使甘蔗沿斜向上方运动（$t=1.927s$），甘蔗与杂质分离滚筒分离刷逐渐脱离（$t=1.942s$），直到甘蔗在排杂装置上方被完全甩出（$t=1.961s$）。

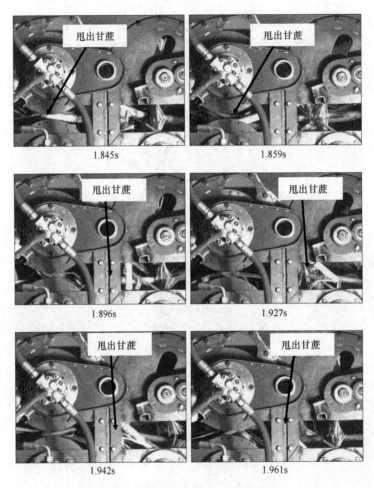

图 10.5　甘蔗被甩出的高速摄影图像

10.4　本 章 小 结

1）通过对杂质悬浮速度分析，得出杂质在空气中悬浮速度公式：

$$u_f = \sqrt{\frac{4\phi}{3C_d}\left(\frac{\rho_m - \rho}{\rho}\right)gd_e}$$，杂质的悬浮速度与杂质的密度和体积有关，杂质的

密度和体积越大，杂质的悬浮速度越大。

2）蔗叶在排杂装置中的运动速度为：

$$\begin{cases} V_X = V_F \cos\gamma_F - 2\pi nR\cos\gamma_Z \\ V_Y = V_F \cos\gamma_F + 2\pi nR\cos\gamma_Z \end{cases}$$，蔗叶的物流速度与风机风速、杂质分离滚筒转

速有关，因此得出风机出风口角度和杂质分离滚筒转速对排杂装置的排杂效果有

显著影响。

3）甘蔗在物流排杂装置中所受作用力为：

$f = F_W + F_S + F_B + F_P - F_Z - G\cos\alpha$，如果 $F_1 - F_2 \geqslant 0$，甘蔗能够顺利通过物流排杂装置，便于后面集堆；如果 $F_1 - F_2 < 0$，甘蔗在风机排杂装置部甩出，并通过高速摄影试验验证。

第11章 结论与讨论

11.1 结 论

1）本书研究的甘蔗收获机物流分为甘蔗流和杂质流。通过对甘蔗收获机的整机物流及关键部件进行运动学和动力学分析，分别对扶蔗和分蔗装置、切割装置、输送装置、铺放输送装置、剥叶装置和集堆装置等关键技术进行了虚拟试验，研究了各部件收获甘蔗时的物流过程，并通过田间试验进行了验证。

2）高速摄影试验表明，甘蔗被喂入滚筒喂入时，甘蔗根部向上翘起，随着前部输送滚筒的转动，甘蔗被上下输送滚筒的橡胶齿夹住，继续向后输送；依靠喂入滚筒和前部输送滚筒的旋转，甘蔗穿入上下剥叶橡胶块，此时剥叶橡胶块随着剥叶滚筒的旋转开始撕扯、梳刷蔗叶；随着剥叶滚筒的转动，剥叶橡胶刷继续撕扯、梳刷蔗叶，此时出现了断尾，依靠前部输送滚筒和剥叶滚筒的旋转，蔗叶被上部剥叶橡胶块撕扯掉，并且随着剥叶滚筒的旋转甩出，甘蔗沿着剥叶滚筒的轴向发生偏移旋转；前面剥掉的蔗叶与甘蔗茎秆一起向后输送，由于风机滚筒外圈输送齿条的旋转，甘蔗到达上下杂质分离滚筒的分离刷，随着杂质滚筒的转动，分离刷将蔗叶与甘蔗茎秆分离，风机将蔗叶吹落在物流通道的下方，同时甘蔗茎秆向后输送，随着风机滚筒外圈输送齿条的旋转继续向后输送；依靠风机滚筒和杂质分离滚筒的旋转，随着后部输送滚筒的转动，甘蔗被后部上下输送滚筒的橡胶齿夹住，继续向后输送，随着输送滚筒的旋转继续向后输送，最后输送到集堆装置便于收集。甘蔗自身发生扭转和弯曲变形。

通过物流排杂过程的动力学分析，得出甘蔗在喂入滚筒、输送滚筒、剥叶滚筒、风机输送滚筒、杂质分离滚筒中的动力学方程，通过分析甘蔗在各部件中所受力的变化，得出甘蔗在物流排杂装置中的物流速度。

3）为进一步探讨甘蔗联合收获机排杂问题，设计了一种甘蔗收获机排杂风机，并在研究排杂风机的基础上，将排杂装置加入整机物流中，设计了一种甘蔗收获机物流排杂装置，该装置中喂入、输送滚筒的材料为橡胶，避免甘蔗表皮损伤。

4）通过物流排杂装置理论分析和虚拟试验得到如下结果。

（a）对装置中的排杂风机进行了二维流场分析，试验结果表明，随着风机转速的增大，风机出风口静压、总压和风速逐渐增大，在 1800r/min 时，风机性能最佳，出风口风速平均值为 11.77m/s。在二维流场分析得出的最佳参数下，进行了排杂风机三维流场分析,由三维排杂风机流场分析得出静压分布、总压分布、速度分布和速度矢量分布情况。

(b) 随着风机转速的增高,出风口风速和风压平均值逐渐增大。随着出风口距离逐渐增大,出风口风速和风压平均值越来越小。在相同转速下,风机进风口面积越大,出风口风速和风压平均值越大。风机最佳性能参数:风机转速为 1800r/min,进风口方式为轴向进风和面积分别为 16 475mm²、19 119mm²,风机出风口距离为 50mm,此时出风口风速和风压平均值最大。5 个测量点的最佳风速平均值依次为 13.867m/s、14.000m/s、11.633m/s、11.333m/s、12.383m/s,最佳动压平均值依次为 301.83Pa、274.00Pa、215.67Pa、171.83Pa、244.17Pa,最佳全压平均值依次为 286.50Pa、221.17Pa、195.67Pa、162.83Pa、205.67Pa。试验结果表明,轴向进风的出风口风速、风压比径向进风的出风口风速、风压大,风机出风口动压和全压变化趋势一致。

(c) 通过物流排杂装置预试验得出各对滚筒最佳参数:喂入滚筒转速为 100r/min,输送滚筒转速为 100r/min,剥叶滚筒转速为 1300r/min,风机外圈输送滚筒转速为 100r/min,杂质分离滚筒转速为 100r/min,各对上下滚筒轴心垂直距离为 340mm、310mm、280mm、300mm、280mm、310mm。在最佳参数下进行虚拟试验表明:①由于甘蔗在物流排杂装置中发生跳动,并且在运动过程中产生滑动和滚动,随着喂入、输送、剥叶、风机外圈输送滚筒转速增加,甘蔗在运动过程中的运动速度并不是逐渐增大;随着杂质分离滚筒转速增加,甘蔗在前进方向的速度逐渐减小;随着喂入、输送、剥叶、风机外圈输送、杂质分离滚筒转速增加,甘蔗与各对滚筒的作用力逐渐增大,各对滚筒的扭矩亦逐渐增大。②物流排杂装置各部件刚性体虚拟试验表明,甘蔗在前进方向的运动速度分别为 0.50m/s、1.45m/s、7.55m/s、0.29m/s、-1.42m/s。各对滚筒与甘蔗之间的作用力分别为 71.85N、15.57N、112.83N、125.53N、1574.6N、1176.58N、7.37N、7.35N、238.23N、171.39N;各对滚筒的扭矩分别为 5.63N·m、2.13N·m、10.26N·m、8.53N·m、127.51N·m、103.61N·m、0.59N·m、0.39N·m、10.70N·m、6.82N·m。③物流排杂装置各部件柔性体虚拟试验表明,甘蔗在喂入滚筒、输送滚筒、剥叶滚筒、杂质分离滚筒中柔性体运动速度为 0.07m/s、0.16m/s、1.55m/s、0.05m/s,所受的作用力为 69.22N、30.26N、119.12N、38.15N、52.48N、1223.92N、872.93N、38.97N、43.32N。④整个物流过程刚性体虚拟试验表明,上下喂入滚筒、上下前部输送滚筒、上下剥叶滚筒、上下风机外圈滚筒、上下杂质分离滚筒、上下后部输送滚筒的最大扭矩分别为 2.99N·m、1.97N·m、4.76N·m、2.99N·m、71.52N·m、101.29N·m、1.11N·m、1.10N·m、0.91N·m、7.97N·m、3.03N·m、20.38N·m。

5) 对物流排杂装置进行了台架试验,得到如下结果。

(a) 通过正交试验得出,影响排杂率的 4 个因素由主到次依次为风机出风口角度、喂入输送滚筒转速、剥叶滚筒转速、滚筒间距。影响含杂率的 4 个因素由主到次依次为喂入输送滚筒转速、剥叶滚筒转速、风机出风口角度、滚筒间距。影响整秆率的 4 个因素由主到次依次为滚筒间距、喂入输送滚筒转速、剥叶滚筒转速、风机出风口角度。综合考虑试验指标得出，对排杂率、含杂率和整秆率影响最小的最佳参数组合为风机出风口角度 105°，喂入输送滚筒转速 100r/min，剥叶滚筒转速 1300r/min 和滚筒间距 340mm、310mm、280mm、300mm、280mm、310mm。

（b）根据正交试验得出的最佳组合对风机出风口角度、排杂装置转速、剥叶滚筒转速、剥叶滚筒间距、杂质分离滚筒间距、风机滚筒间距、喂入输送滚筒间距、未切梢与切梢喂入的单根对比、未切梢喂入与切梢喂入的多根对比等各因素进行单因素试验分析，对交互作用进行双因素试验，对喂入输送滚筒与剥叶滚筒速比试验，与轴流式风机排杂装置进行对比试验得到如下结果：①通过单因素试验结果表明，出风口角度为 105°，排杂装置转速为 100r/min，剥叶滚筒转速为 1300r/min，剥叶滚筒间距为 280mm，杂质分离滚筒间距为 270mm，风机滚筒间距为 300mm，喂入输送滚筒间距为 340mm 与 310mm 时，排杂效果达到最佳，排杂率为 98.27%以上、含杂率为 1.6%以下、整秆率为 86.67%以上、甩出率为 0、断尾率为 86.67%以上。②通过未切梢与切梢喂入的单根和多根对比单因素试验得出，切梢后喂入的甘蔗排杂率比未切梢喂入高，含杂率比未切梢喂入低，切梢后的甘蔗排杂效果比未切梢的甘蔗排杂效果好。③通过交互作用双因素试验、速比试验得出，出风口角度为 105°，喂入滚筒转速为 100r/min，喂入输送滚筒转速与剥叶滚筒转速 100r/min 与 1300r/min 时，排杂效果达到最佳值，排杂率为 98.27%、含杂率为 1.6%、整秆率为 86.67%、甩出率为 0、断尾率为 86.67%，交互作用不显著。④通过与轴流式风机排杂装置进行对比单因素试验得出，风机排杂效果比轴流风机排杂效果好。

6）功耗试验表明，随着喂入滚筒、上输送滚筒、下前输送滚筒、剥叶滚筒、下后输送滚筒和风机滚筒转速的增加，扭矩值变化不大，功耗值逐渐增大。随着负载的增加，扭矩值和功耗值越来越大，当负载 3 根甘蔗时，扭矩值和功耗值最大，滚筒转速值最低。随着负载的增加，滚筒转速越来越低。根据物流排杂装置虚拟试验得出的最佳参数，物流排杂装置在喂入滚筒、输送滚筒、风机外圈输送滚筒、分离滚筒转速为 100r/min，剥叶滚筒转速为 1300r/min、风机滚筒转速为 1800r/min 时，空载消耗的总功率为 4.13kW、负载 1 根消耗的总功率为 4.66kW、负载 3 根消耗的总功率为 5.14kW。物流排杂装置功耗测定试验结果与虚拟试验结果趋势一致，为整机设计提供理论基础。

7）在试验基础上，对物流排杂理论做了进一步探讨。通过对杂质悬浮速度分析，得出杂质的悬浮速度与杂质的密度和体积有关，杂质的密度和体积越大，杂质的悬浮速度越大。蔗叶的物流速度与风机风速、杂质分离滚筒转速有关，得出风机出风口角度和杂质分离滚筒转速对排杂装置的排杂效果有显著影响。如果 $F_1 - F_2 \geqslant 0$，甘蔗能够顺利通过物流排杂装置，便于后面集堆；如果 $F_1 - F_2 < 0$，甘蔗在风机排杂装置部甩出，并通过高速摄影试验验证。

11.2 讨　　论

1）根据试验台液压系统的参数，风机最大转速为 1800r/min，以上结果均是在此基础上得出的。物流排杂装置台架试验表明，风机在此参数下，排杂效果比较显著。通过风机试验测得，风机中间点的风速比两端点的风速低，表明风机中部风压较低，风机出风口风速的均匀性尚有待改进。针对排杂风机的两种进风方式，通过试验测定，径向进风的出风口风速低于轴向进风的出风口风速，根据甘蔗排杂的要求，采用轴向进风方式较好。

2）根据物流排杂装置结构和几何参数，本书研究的排杂风机叶轮直接在市场上购得，由于试验条件所限，未进行叶轮参数的对比试验，排杂风机的参数尚需进一步优化。

3）由于试验台液压系统所限，本书将喂入装置滚筒转速、输送装置滚筒转速按相同转速进行研究，未进行喂入与输送的速度匹配试验。由于试验条件所限，只对杂质（蔗叶、泥土）的悬浮速度进行了理论分析，未对杂质的悬浮速度进行试验研究。

4）针对试验中出现的甘蔗甩出现象，未进行物流排杂装置参数优化试验，尚需进一步优化。

5）本研究仅在实验室内对物流排杂装置进行了台架试验，下一步应进行田间验证试验。

参 考 文 献

曹丽英. 2010. 新型锤片式粉碎机物料分离特性的模拟与测试分析[D]. 呼和浩特: 内蒙古农业
大学博士学位论文.

陈德民, 槐创锋, 张克涛. 2010. 精通 ADAMS 2005/2007 虚拟样机技术[M]. 北京: 化学工业出
版社.

陈连飞. 2006. 圆弧轨道式柔性夹持输送装置试验研究[D]. 广州: 华南农业大学硕士学位论文.

陈志, 韩增德, 郝付平, 等. 2007. 玉米联合收获机排杂装置优化设计与试验[J]. 农业机械学报,
38(12): 78-80.

邓劲莲, 李尚平, 王小纯. 2002. 甘蔗收获机扶蔗过程运动仿真的研究[J]. 广西大学学报(自然科
学版), 27(2): 109-113.

邓劲莲, 李尚平, 杨家强. 2003. 倒伏甘蔗扶起过程的动态仿真分析[J]. 机械设计与制造, (2):
26-28.

傅隆正, 蒙艳玫, 董振, 等. 2012. 整秆式甘蔗联合收割机整机物流设计与仿真[J]. 农机化研究,
(2): 19-23.

盖玲, 赵匀. 1998. 谷物扬场机分离过程物料的空间运动学和动力学分析[J]. 农业工程学报,
14(2): 100-104.

高建民, 区颖刚, 宋春华, 等. 2005. 基于物理模型的甘蔗螺旋扶起机构虚拟样机研究[J]. 农业
机械学报, 36(3): 57-59, 70.

高建民, 区颖刚. 2004. 甘蔗螺旋扶起机构的理论研究及虚拟样机仿真[J]. 农业工程学报, 20(3):
1-5.

高振江. 2000. 气体射流冲击颗粒物料干燥机与参数试验研究[D]. 北京: 中国农业大学博士学
位论文.

郭超, 王建祥. 2008. 谷物联合收割机径向进气风扇的性能分析[J]. 农机化研究, (4): 149-154.

何志强, 黄晓峰, 闫志恒. 2007. 新型风机风道曲线分析与数学建模[J]. 顺德职业技术学院学报,
(3): 17-19.

贺俊林. 2007. 低损伤玉米摘穗部件表面仿生技术和不分行喂入机构仿真[D]. 长春: 吉林大学
博士学位论文.

胡俊伟. 2004. 新型风机结构参数及工作特性的关联[J]. 上海交通大学学报, (7): 1156-1160.

黄汉东, 王玉兴, 唐艳芹, 等. 2011. 甘蔗切割过程的有限元仿真[J]. 农业工程学报, (2):
161-166.

贾磊, 刘晓玲, 庞子瑞. 2004. 仿真技术在物料悬浮速度计算中的应用[J]. 开封大学学报, (2):
81-84.

姜阔胜, 梁应选, 杨明亮. 2008. 虚拟仪器在机械传动试验台扭矩测量中的应用[J]. 陕西理工学
院学报(自然科学版), (4): 1-5.

俊藤英明. 1980. 切段式甘蔗收获机的研制[J]. 机械化农业, (7): 39-42

李爱平, 汪春. 2006. 苜蓿段长度对干燥速度与悬浮速度影响的试验[J]. 农业机械报, (8):

168-170.

李骥, 李英. 2005. 基于 VC++的物料悬浮速度的可视化快速计算[J]. 干燥技术与设备, (2): 89-92.

李进良, 李承曦, 胡仁喜, 等. 2009. 精通 FLUENT6.3 流场分析[M]. 北京: 化学工业出版社.

李莉萍. 2011. 预计 2010/2011 制糖期中国食糖产量又增加[EB/OL]. http://www.sn110.com/news/ sugar/20110105/show_98019.htm[2011.10.11].

李立新. 2008. 小型丘陵甘蔗联合收割机整机布局设计及物流仿真[D]. 南宁: 广西大学硕士学位论文.

李庆宜. 1981. 通风机[M]. 北京: 机械工业出版社.

李天绍, 吴军. 2010. 广西甘蔗收获机械化现状及发展讨策[J]. 广西农业机械化, (3): 5-7.

李耀明. 2004. 水稻梳脱混合物复脱分离、清选特性的研究[D]. 南京: 南京农业大学博士学位论文.

李增刚. 2006. ADAMS 入门详解与实例[M]. 北京: 国防工业出版社.

李志红. 2006. 甘蔗收获机圆弧轨道式柔性夹持输送机理研究[D]. 广州: 华南农业大学博士学位论文.

梁阗, 陈引芝, 王维赞, 等. 2010. 甘蔗机械化收获现状及对策[J]. 现代农业科技, (11): 85-87.

廖平伟, 张华, 罗俊. 2011. 我国甘蔗机械化收获现状的研究[J]. 农机化研究, (3): 26-29.

刘德军, 赵秀荣, 高连兴, 等. 2011. 不同收获方式含水率对油菜收获物流损失的影响[J]. 农业工程学报, 27(10): 339-342.

刘东美, 李尚平, 梁式, 等. 2009. 基于全局协调的甘蔗收获机械物流系统的研究[J]. 农机化研究, (9): 29-32.

刘庆庭. 2004. 甘蔗切割机理[D]. 广州: 华南农业大学博士学位论文.

刘庆庭, 区颖刚, 袁纳新. 2004. 甘蔗茎在弯曲载荷下的破坏[J]. 农业工程学报, 20(3): 6-9.

刘先杰. 2006. 小型甘蔗联合收割机流程虚拟仿真分析及集蔗机构的改进[D]. 南宁: 广西大学硕士学位论文.

刘艳艳. 2009. 风筛式清选装置中离心风机的试验研究及仿真分析[D]. 镇江: 江苏大学硕士学位论文.

吕子剑, 曹文仲, 刘今, 等. 1997. 不同粒径固体颗粒的悬浮速度计算及测试[J]. 化学工程, (5): 42-46.

罗亮. 2007. 基于 CFD 分析的空调用新型风机的优化设计[D]. 武汉: 华中科技大学硕士学位论文.

马晓霞. 2007. 联合收割机风筛式清选装置中物料运动及试验研究[D]. 镇江: 江苏大学硕士学位论文.

马中苏, 赵学笃, 孙永海, 等. 1993. 横流风机基本工作原理及反风现象的研究[J]. 农业机械学报, (2): 96-101.

蒙艳玫, 刘正士, 李尚平, 等. 2003. 甘蔗收获机械排刷式剥叶元件虚拟试验分析[J]. 农业机械学报, 34(3): 43-46.

孟臣, 李敏. 2003. JN338 智能数字式转矩转速传感器及其应用[J]. 国外电子元器件, (11): 56-58.

牟向伟. 2011. 弹性齿滚筒式甘蔗剥叶装置叶鞘剥离机理[D]. 广州: 华南农业大学博士学位论文.

倪长安, 张利娟, 刘师多. 等. 2008. 无导向片旋风分离清选系统的试验分析[J]. 农业工程学报, 24(8): 135-138.

农业部发展计划司. 2009. 新一轮优势农产品区域布局规划汇编[M]. 北京: 中国农业出版社.

区颖刚, 杨丹彤. 2010. 甘蔗主产区生产机械化的几个问题[J]. 广西农业机械化, (4): 8-10.

庞昌乐, 区颖刚. 2011. 我国甘蔗收获机虚拟样机技术研究现状与展望[J]. 农机化研究, (7): 225-228.

庞奇. 2009. 新型旋风分离清选系统内部气流及物料状态研究[D]. 洛阳: 河南科技大学硕士学位论文.

彭建恩. 2001. 物料悬浮速度的研究[J]. 粮食科技与经济, (4): 36-37.

彭伟才. 1979. 甘蔗收获机螺旋扶蔗器的运动参数的确定[J]. 甘蔗收获机械理论研究与探讨(专辑), (3): 40-41.

蒲明辉. 2005. 小型甘蔗收割机虚拟设计及仿真[D]. 南宁: 广西大学硕士学位论文.

浦广益. 2010. ANSYS Workbench 12 基础教程与实例详解[M]. 北京: 水利水电出版社.

卿上乐. 2005. 甘蔗收获机单圆盘切割器机理研究[D]. 广州: 华南农业大学博士学位论文.

邱先钧. 2003. 贯流风机在联合收割机中的应用及其设计[J]. 农业工程学报, (1): 110-112.

泉裕巳. 1980. 甘蔗收获机基础研究[J]. 农业机械学会志, 42(1): 69-74.

师清翔, 朱永宁, 陶滨友. 1988. 径向进气风扇流场的初步研究[J]. 洛阳工学院学报, (4): 48-58.

宋春华. 2003. 螺旋式甘蔗扶起机构的试验研究[D]. 广州: 华南农业大学硕士学位论文,

隋美丽. 2005. 秸秆压块饲料机匀料充型区的物流分析与计算机仿真[D]. 保定: 河北农业大学硕士学位论文.

隋秀华. 2008. 传动滚筒仿生摩擦学设计与性能分析研究[D]. 青岛: 山东科技大学博士学位论文.

孙进. 2007. 基于高速摄像的风筛式清选装置中物料运动规律的研究[D]. 镇江: 江苏大学硕士学位论文.

孙伟, 段哲民. 2005. LabVIEW 在转速转矩测试系统中应用[J]. 电子测量技术, (5): 13-14.

谭亮红, 罗仡科, 贺才春, 等. 2008. 橡胶阻尼材料的阻尼性能研究[J]. 橡胶工业, (9): 526-528.

谭子成. 1992. 关于颗粒悬浮速度概念的引申[J]. 通风除尘, (2): 19-20.

汤楚宙, 张小英, 欧阳中和, 等. 2007. 离心-轴流组合式清粮风机的试验研究[J]. 农业工程学报, 23(10): 117-120.

王春政. 2011. 整秆式苷蔗收割机滚筒输送装置的设计与试验[D]. 广州: 华南农业大学硕士学位论文.

王辉若. 1981. 甘蔗联合收获机螺旋扶蔗器设计原理初步分析[J]. 广东农机, (3): 31-37.

王立军. 2011. 割前摘脱稻麦联合收获机分离清选装置物料运动模拟[J]. 农业机械学报, 42(S1): 62-64.

王汝贵, 杨坚, 梁兆新, 等. 2003. 甘蔗收割器工作参数试验优化研究[J]. 北京: 农业机械学会2003 年会.

王威立. 2009. 单片机控制的物料悬浮速度测试系统研究[D]. 郑州: 河南农业大学硕士学位论文.

王志山, 夏俊芳, 许绮川, 等. 2010. 船式旋耕埋草机螺旋刀辊作业功耗试验[J]. 农业机械学报, (12): 44-47.

王志山, 夏俊芳, 许绮川, 等. 2011. 水田高茬秸秆旋耕埋覆装置功耗测试方法[J]. 农业工程学报, (2): 119-123.

王志山. 2010. 基于 LabVIEW 的船式旋耕埋草机功耗检测研究[D]. 广州: 华中农业大学硕士学位论文.

韦政康. 2010. 甘蔗收割机现状及存在的问题[J]. 农业机械, (S3): 8-9

文明. 2008. 贯流风机气动噪声模拟与实验测量[D]. 武汉: 华中科技大学硕士学位论文.

伍悦滨, 朱蒙生. 2006. 工程流体力学泵与风机[M]. 北京: 化学工业出版社.

夏利利. 2008. 风筛式清选装置中气流场的数值模拟及试验研究[D]. 镇江: 江苏大学硕士学位
论文.

肖广江, 万忠, 张艳, 等. 2010. 2009 年广东省甘蔗等能源作物产业发展现状分析[J]. 广东农业
科学, (4): 279-281.

肖宏儒, 王明友, 宋卫东, 等. 20110. 整秆式甘蔗联合收获机降低含杂率的技术改进与试验[J].
农业工程学报, 42(11): 42-45.

谢尔巴科夫 K X. 1966. 经济作物收获机械——理论, 构造和计算[M]. 沈林生, 等译. 上海: 上
海人民出版社.

解福祥. 2009. 整秆甘蔗收获机组合式扶起装置设计与试验[D]. 广州: 华南农业大学硕士学位
论文.

徐立章, 李耀明, 李洪昌. 等. 2009. 纵轴流脱粒分离-清选试验台设计[J]. 农业机械学报, 2009,
40(12): 76-79.

闫洪余. 2009. 立辊式玉米收获机关键部件工作机理及试验研究[D]. 长春: 吉林大学博士学位
论文.

杨家军, 刘锋, 刘喜云. 2000. 甘蔗收获机切割器的动态设计[J]. 机械科学与技术, 19(6):
923-924, 926.

杨俊锋. 2007. 基于虚拟仪器的动态扭矩实验测试系统的研究[D]. 秦皇岛: 燕山大学硕士学位
论文.

叶能中. 1982. 甘蔗收获机螺旋扶蔗器设计原理的探讨[J]. 广西农机, (2): 48-58.

曾志强. 2007. 小型轮式甘蔗收获机总体研究及车架的设计分析[D]. 南宁: 广西大学硕士学位
论文.

翟之平, 吴雅梅, 王春光. 2012. 物料沿抛送叶片的运动仿真与高速摄像分析[J]. 农业工程学报,
28(2): 23-28.

翟之平. 2008. 叶片式抛送装置抛送机理研究与参数优化[D]. 呼和浩特: 内蒙古农业大学博士
学位论文.

张国忠. 2011. 水稻气力精量穴播机理与试验研究[D]. 广州: 华南农业大学博士学位论文.

张红珠. 2007. 矿井离心扇风机的参数设计及优化研究[D]. 阜新: 辽宁工程技术大学硕士学位
论文.

张佳, 庄卫东, 陈彬. 1998. 农业物料悬浮速度试验台的研制[J]. 黑龙江八一农垦大学学报, (3):
56-59.

张榕. 2009. 氯化丁基橡胶阻尼材料的制备及性能研究[D]. 苏州: 苏州大学硕士学位论文.

张杨. 2008. 甘蔗收获机拨指链式扶蔗器样机研究[D]. 广州: 华南农业大学博士学位论文.

张义俊. 2007. 基于新型风机的禽舍风送式喷雾消毒试验研究[D]. 郑州: 河南农业大学硕士学
位论文.

张增学. 2002. 梳刷式甘蔗剥叶机剥叶机理的试验研究[D]. 广州: 华南农业大学博士学位论文.

张振伟, 李学兵, 王学平, 等. 2007. 水平圆振动干燥机结构参数对物料运动的影响[J]. 农业机
械学报, 38(12): 93-96, 104.

赵京华, 赵学笃, 张振京, 等. 1990. 谷茎的空气动力特性研究[J]. 农业机械学报, (2): 80-83.

赵京华, 赵学笃, 张振京. 1989. 短茎秆的空气动力特性研究[J]. 农机化研究, (2): 15-21.

周敬辉. 2004. 基于虚拟样机技术的小型履带式甘蔗联合收割机的研究[D]. 南宁: 广西大学硕

士学位论文.

周勇, 区颖刚, 彭康益, 等. 2010. 4GZ-56 型履带式甘蔗收获机的设计与性能试验[J]. 农业机械学报, 41(4): 75-78.

周勇. 2011. 用于甘蔗分段收获的前悬挂推倒式割台研究[D]. 广州: 华南农业大学博士学位论文.

朱永宁, 陶滨友, 周学建. 1985. 径向进气风扇结构和性能参数的实验研究[J]. 洛阳工学院学报, (1): 44-58.

朱永宁, 周学建, 兑建华. 1984. 谷物联合收割机径向进气风扇的性能研究[J]. 洛阳工学院学报, (2): 70-80.

宫部芳照, 岩崎浩一, 柏木純孝. 1993. さとうざびの梢頭部切斷機構の開發に關する基礎的研究[J]. 鹿大農學術報告第 43 號, 63-67.

Bill K, Ken B. 1993. 100 Years of Mechanical Cane Harvesting[M]. Australia: Canegrowers.

Cole R T, Lucas C L, Cascio W E, et al. 2005. A LabVIEW model incorporating an open-loop arterial impedance and a closed-Loop circulatory system[J]. Annals of Biomedical Engineering, (11): 1555-1573.

Gupta C P, Lwin L, Kiatiwat T. 1996. Development of a self-propelled single-axle sugarcane harvester[J]. Applied-Engineering-in-Agriculture, 12(4): 427-434.

Gupta C P, Oduori M F. 1992. Design of the revolving knife-type sugarcane basecutter[J]. American Society of Agriculture Engineer, 35(6): 1747-1752.

Ionita C N, Hoffmann K R, Bednarek D R, et al. 2008. Cone-beam micro-CT system based on LabVIEW software[J]. Journal of Digital Imaging, 21(3): 296-305.

Kalkman C J. 1995. LabVIEW: a software system for data acquisition data analysis and instrument control[J]. Journal of Clinical Monitoring, (1): 51.

Kroes S, Harris H D, Egan B T. 1994. Effect of cane harvester basecutter parameters on the quality of cut[C]. Proceedings of the 1994 Conference of the Australian Society of Sugar Cane Technologists held at Townsville. Queensland, 169-177.

Kroes S, Harris H D. 1995. Akinematic model of dual basecutter of a sugar cane harvester[J]. Journal of Agricultural Engineering Research, (62): 163-172.

Kroes S, Harris H D. 1996. Cutting forces and energy during an impact cut of sugarcane stalks[J]. Eur Ag Eng Madrid, 96A: 35.

Leisk G G, Saigal A, Pereira J M. 1996. Using labview under windows in advanced ultrasonic testing[J]. Nondestructive Testing and Evaluation, 13(1): 31-40.

Lipovszki G, Aradi P. 2006. Simulating complex systems and processes in LabVIEW[J]. Journal of Mathematical Sciences, 122(5): 629-636.

McCarthy S G. 2003. The integration of sensory control for sugar cane harvesters[D]. Queensland: University of Southern Queensland.

Mello R D C, Harry H, Hogarth D M. 2002. Cane damage and mass losses for conventional and serrated basecutter blades[J]. Proc Aust Soc Soc Sugar Cane Technol, 22: 84-91.

Mello R da C, Harris H D. 2000. Cane damage and mass losses for conventional and serrated basecutter blades[J]. Proc Sco Sugar Cane Technol, (23): 212-218.

Nikov S Y M, Naumova L I, Panteleeva E S, et al. 2007. Angle accuracy control in stepping motors with the help of the graphing program LabView[J]. Russian Electrical Engineering, (2): 78-90.

Odigboh E U, Moreira C A. 2002. Development of a complete cassava harvester: I -Conceptualization. agricultural mechanization in Asia[J]. Africa and Latin America, 33(4): 43-49.

Ojha T P, Mandikar S S. 1989. Improved toothed sickles[J]. RNAM[Regional Network for Agricultural Machinery] Newsletter(Philippines), 33: 15.

Rains G C, Cundiff J S, Vaughan D H. 1990. Development of a whole-Stalk sweet sorghum harvester[J]. Transactions in Agriculture, 33(1): 56-61.

Rao K K P, Thirupal K. 1990. Sugarcane cutting machine[J]. SISSTA-Sugar-Journal, 16: 3-23.

Ridge R. 1994. Green cane chopper harvesting in Australia[J]. Sugar-Journal Presented at the ISSCT Mechanization Workshop, 57: 6, 8-10.

Sharma M P, Singh K. 1985. Partial mechanization of sugarcane harvesting[J]. AMA, 16: 3, 47-50.

Shukla L N, Irvinder S, Sandhar N S. 1991. Design development and testing of sugarcane cleaner[J]. Agricultural Mechanization in Asia, Africa and Latin America, 22(3): 51-56.

Sopa C. 2010. A study of sugarcane leaf-removal machinery during harvest[J]. American J of Engineering and Applied Sciences, 3(1): 186-188.

Sortware M S C(美). 2004. ADAMS/View 高级培训教程[M]. 邢俊文, 陶永忠, 译. 北京: 清华大学出版社.